世界美味

【暢銷修訂版】

一次學會100道

涼拌常備菜

Cold Dishes of The World

黃經典＆葉光涵——合著

原水文化

CONTENTS

目錄 一次學會100道
世界美味涼拌常備菜

048　PART1 **亞洲涼拌常備菜** 　　　　　　　　　　　　　　　常備菜 🍴

中式

目錄 CONTENTS

目錄 CONTENTS

主題目錄
一次學會 78 道超人氣涼拌醬

精選世界百種涼拌菜，
欲罷不能的美妙滋味！

黃經典／健行科技大學餐旅管理系助理教授

　　本書精選世界各國經典的涼拌常備菜，種類含括前菜、正餐、小菜、點心，及滋味濃郁的風味下酒菜。所有菜色皆融入了世界各國的料理手法、特色食材與調味搭配，更運用了代表各國飲食文化的風味醬汁，與涼拌菜餚結合，不只能引領出食材本身的滋味，也使美味度更加倍！

　　如台式蒜蓉醬搭配水煮五花肉，入口鹹香 Q 彈，是非常經典的台式風味；泰式涼拌醬汁搭上海鮮，清涼海味，爽口解膩；美式「鮪魚醬酒會小吃」的簡單美味、墨西哥「脆餅甜椒乳酪醬」的酥脆香濃，或是西班牙「蒜香檸檬蝦」、「鮮魚蘑菇鑲蛋」與「蒜辣白酒小卷」Tapas 的迷人魔力，都是令人欲罷不能的美妙滋味。

　　從內容規劃、菜單設計、食譜研擬、食物風格討論、菜餚拍攝到版面編排，這期間歷經密集燒腦、構思與徹夜撰寫《一次學會 100 道世界美味涼拌常備菜》總算誕生了，感動與激動的心情不可言喻！特別感謝原水文化的專業團隊超強企劃與細心統籌，最佳好搭檔葉光涵（馬斯）老師共同撰寫，與健行科技大學餐旅系廚藝隊及廚藝社的協助，及各家廠商的支持，讓本書能付梓成書。

無國界的涼拌菜，
滿足全家人的胃！

葉光涵／廚師祥瑞形象主廚

小時候，爸媽忙於工作，我自小就是鑰匙兒童，約莫在我八、九歲時，某天我下課回到家，翻冰箱找東西吃，找到了冷凍可樂餅，當時我竟認為自己能夠炸來吃，於是雙手提著超重的炒菜鍋，學媽媽倒了油，然後摸索了半天，順利開了爐火……。

或許其他人此時會說，因這個機緣而找到了對烹飪的興趣，成為了終生志業，但我的真實故事是：開火後，我覺得還要等油熱，所以就跑去客廳看卡通，忘記看了多久，直到我發現整個客廳都是煙和焦臭味，才驚覺大事不妙，衝到廚房一看，鍋子已經「發爐」了，現場濃煙密布！還好後來順利滅了火，但下場自然是被父親打個半死。

即使有這段過往，退伍後我還是決心學習烹飪，從在小型西餐廳幫忙切菜備料開始，再到日式餐廳學習刀功，又至晶華酒店跟著師傅做出了一道道大菜，至今，我已能獨當一面。我對任何事總是抱持積極好奇的態度，不斷地嘗試突破自我，期許自己料理出更多創新美味的菜餚。就在廚師生涯即將邁向二十年之時，我竟要出書了，這肯定是當年的我所想不到的事。

最後我想說，連對廚藝一竅不通的我都能靠著練習而料理出好吃的食物，你也一定可以！但是千萬要記得，開了火就不要離開油鍋了啊！本書已盡量簡化步驟，並運用各式醬汁來做料理變化，好吃又容易做，其中很多的菜色都是到餐廳必點的招牌涼拌菜料理，多層次的口感，絕對可以滿足全家人的胃，幸福的好味道，自己動手做看看吧！

主廚特選的
美味調味料

油

芥花油 Canola oil ／初榨冷壓橄欖油 Extra Virgin Olive Oil ／冷壓芝麻油 Cold Pressed Sesame Oil ／深焙黑芝麻油 Deep roasted Black Sesame Oil ／紫蘇籽油 Perilla Seed Oil ／茶葉綠菓茶葉籽油 Extra Virgin Tea Oil ／紅花大菓苦茶油 Extra Virgin Camellia Oleifera Oil ／金花小菓苦茶油 Extra Virgin Camellia Tenuifolia Oil ／純橄欖油 Pure Olive Oil

醬油

純釀醬油 Pure Brewed Soy Sauce ／黑豆白醬油 Black Bean Light Soy Sauce ／日式香菇醬油露 Japanese Mushroom Soy Sauce ／純釀醬油膏 Thick Soy Sauce ／古早味薄鹽醬油 Low-salt Soy Sauce ／薄鹽壺底油膏 Bottom Soy Sauce ／香菇素蠔油 Thick Mushroom Soy Sauce ／黑豆醬油膏 Thick Black Bean Soy Sauce ／黑豆蔭油 Black Bean Soy Sauce

醋

陳年醋 Aged Vinegar ／檸檬醋 Lemon Vinegar ／蘋果醋 Apple Vinegar ／巴薩米可醋 Balsamic/Balsamico Vinegar

其他

蕃茄醬 Ketchup ／辣椒醬 Spicy/Chili Sauce ／胡麻辣油 Chili Sesame Oil ／胡麻仁醬 Sesame Sauce ／魚露 Fish Sauce ／味醂 Mirin ／整粒蕃茄罐 Canned Whole Tomato ／蕃茄糊 Tomato Paste ／椰漿 Coconut Milk /Cream ／叻沙醬 Laksa Sauce ／參巴辣椒醬 Sambal Chili Sauce ／玫瑰鹽 Himalayan Pink/Rose Salt ／辣豆瓣醬 Chili/Hot Bean Sauce ／黃芥末醬 Yellow Mustard ／豆腐乳 Fermented Bean Curd ／花椒粉 Zanthoxylum /Pricklyash Powder

╱油╱

01 芥花油 Canola oil

賞味期 24個月

又稱為「菜籽油」，以油菜種籽製作而成。芥花油的 Omega-3 含量達 11%，比絕大多數的食用油佳；Omega-9 比例也優於許多植物油，營養價值相較其他油品好，具有芥花籽的清香風味，口感清爽。耐熱溫度：發煙點約 230 度以上，高溫穩定度佳。

＊廣泛適合用煎、煮、炒、炸、蒸等各種烹調方式，符合東方人的烹調習慣。

01　　02　　03

02 初榨冷壓橄欖油
Extra Virgin Olive Oil

賞味期 24個月

第一道低溫冷壓榨取，又稱為特級初榨，含有橄欖多酚、維生素 E、單元不飽和脂肪酸等營養素，帶有橄欖的天然果香味、微微辛辣味與淡雅的青草氣味，入口回甘。耐熱溫度：發煙點約 190 度。

＊最適合用做沾醬、涼拌、醃漬及低溫烹調的料理。避免陽光直射，建議放置陰涼處保存，如有沉澱或雲霧狀屬於自然現象。

03 冷壓芝麻油
Cold Pressed Sesame Oil

賞味期 24個月

坊間多以麻油與大豆油（或其他油類）調合而成，也有 100% 的純白芝麻香油，購買時需認明產品標示。芝麻油呈淡褐色澤，帶有芝麻的清香，含有特別豐富的維生素 E 和亞油酸。

＊適合涼拌、醃漬、低溫烹調與炸物油之料理，如涼拌菜、炸天婦羅等等，也可直接拌在食物中做為調味，或調製成醬料。

04 深焙黑芝麻油
Deep roasted Black Sesame Oil

賞味期 24個月

黑芝麻油又稱為「胡麻油」，以黑芝麻為原料，經重火炒至七八分熟後榨油而來。呈深褐色澤，香味醇厚，屬性溫熱，因此常做為食補料理用油。

＊適合涼拌、醃漬、低溫烹調的料理，如涼拌菜、煸薑成湯品，如麻油雞、麻油腰花等等。也可直接拌在食物中做為調味，或是做為醬料調製。

05 紫蘇籽油 Perilla Seed Oil

賞味期 12個月

取草本植物「紫蘇」的成熟種籽榨取而成的天然油脂。含有豐富的多元不飽和脂肪酸 Omega-3。Omega-3 是人體必需的脂肪酸，因人體無法自行製造，也是身體最容易缺乏的重要油脂，需藉由食物中攝取。而紫蘇籽油的 100 克脂肪中，Omega-3 含量比例高達 60% 以上。味道清爽順口、清香淡雅。耐熱溫度：發煙點 189 度以上。

＊適合生飲、沙拉沾食、低溫涼拌或熱拌等料理方式（不建議用高溫煎炸烹調）。避免陽光直射或放置爐邊，如有沉澱或雲霧狀屬於自然現象。

04   05   06   07   08   09

06 茶葉綠菓茶葉籽油
Extra Virgin Tea Oill

賞味期 24 個月

取矮樹茶葉菓實（烏龍、包種、金萱等）焙炒而成。其色澤似瑪瑙，香氣濃郁、口味似麻油、芝麻與花生的香氣，入口滑順，能促進食慾。坊間常見的茶葉籽油通常以高溫焙炒，經不同溫度焙炒，油脂顏色及風味會產生差距。耐熱溫度：發煙點 210 度以上。

＊適合低、中、高溫熱鍋冷油熱拌、涼拌及藥膳等烹調方式。避免陽光直射或放置爐邊，如有沉澱或雲霧狀屬於自然現象。

07 紅花大菓苦茶油
Extra Virgin Camellia Oleifera Oil

賞味期 24 個月

取大菓種油茶果實，經不同溫度焙炒，油脂顏色及風味皆不同。溫度越高，油脂會由金黃轉為琥珀色澤，香氣也會從淡雅轉為濃郁。入口鮮醇爽口、較為清香。耐熱溫度：發煙點 223 度以上，穩定性高。

＊適用於各種料理方式，如煎、煮、炒、煨、炸、調醬、沾醬、烘焙與甜品的製作等。避免陽光直射或放置爐邊，如有沉澱或雲霧狀屬於自然現象。

08 金花小菓苦茶油
Extra Virgin Camellia Tenuifolia Oil

賞味期 24 個月

取高樹小菓種油茶果實，經低溫方式焙炒，再脫殼榨油而成。油色青綠如翡翠，入口有森林氣息，滑順爽口且回甘。富含天然葉綠素、茶多酚、α-生育酚及高單元不飽和脂肪酸 80% 以上，是最天然的抗氧化劑。有助調整體質，是胃弱者「食補」良品。金花小菓是三種苦茶油中最珍貴的。耐熱溫度：發煙點 100 度以內（可保留葉綠素）。

＊適用生飲、拌料、沾醬、調醬等。也可直接塗抹皮膚及頭髮做為保養。避免陽光直射或放置爐邊，如有沉澱或雲霧狀屬於自然現象。

09 純橄欖油 Pure Olive Oil

賞味期 24 個月

第二次低溫冷壓榨取的橄欖油，富含橄欖多酚、維生素 E、單元不飽和脂肪酸營養素。呈淡綠褐色澤，帶有橄欖果香味、微辛甘味與淡青草氣味。耐熱溫度：發煙點約 200 度。

＊適合煎、炒、烤的料理，如：義大利麵、義大利肉醬等等。可直接淋在料理中加熱烹調，也可做為蔬果、肉類、海鮮的醃料。

/ 醬油 /

01 純釀醬油
Pure Brewed Soy Sauce

賞味期 36 個月

以黃豆、小麥、水、食鹽、蔗糖、酵母菌，
經長時間發酵製成，也就是俗稱的「濃色」
或「濃口醬油」，色澤呈深紅褐色，聞起
來有黃豆與小麥發酵後的香氣，濃厚甘醇，
是家庭必備調味料。

* 適合用於沾、拌、蒸、煮、滷、炒、煎、醃，
也非常適合拿來滷製食物，會讓食物甘香
味美。

01　　02　　03

02 黑豆白醬油
Black Bean Light Soy Sauce

賞味期 36 個月

以黑豆、水、食鹽、蔗糖、食用酒精、甘草、
酵母菌低溫釀造、發酵製成。100% 純釀又
稱為「壺底油」或者是「黑豆蔭油」，含
有植物蛋白、礦物質、維生素 B 群、花青
素、大豆異黃酮、不飽和脂肪酸等營養素，
色澤呈淡紅褐色，具黑豆發酵香味。

* 可直接使用於料理中調味、做為沾醬、醃
漬食物。適合拌、炒、蒸、煮等滋味較清淡的
烹調方式。較不適合滷製料理。開封後請冷
藏保存。

03 日式香菇醬油露
Japanese Mushroom Soy Sauce

賞味期 18 個月

內含日本長壽三寶—「香菇」、「柴魚」、
「海帶」等天然營養成分，色澤為暗褐色，
鹹度低、偏甜，具有濃厚日式風味，因此
適合用做各種日式料理調味，像是烏龍麵、
親子丼、天婦羅沾醬等等。

* 適合煎、煮、炒、燉、蒸等烹調方式，或調製
為沾醬，涼拌、醃製食材及添加在湯頭中，使
湯頭濃醇。開封後需冷藏保存。

04 純釀醬油膏 Thick Soy Sauce

賞味期 36 個月

以黃豆、小麥、水、食鹽、澱粉、蔗糖、
酵母菌釀造發酵製成，色澤為深紅褐色，
濃稠膏狀。

* 適合直接加入料理中調味，或調製為淋醬、
沾醬，或用來醃漬食物，亦適合用在勾芡類
料理中調味。開封後需冷藏保存。

05 古早味薄鹽醬油露
Low-salt Soy Sauce

賞味期 36 個月

以黃豆、小麥、水、食鹽、蔗糖、酵母菌
純釀造發酵製成，100% 純釀。含有植物蛋
白、礦物質、維生素 B 群、大豆異黃酮、
不飽和脂肪酸等營養素，顏色呈深紅褐色，
具黃豆與小麥發酵香氣、甘醇鹹香。

* 適合煎、炒、滷、拌、烤等各種烹調方式，直
接加入在料理中調味，或調製為沾醬、醃漬
食物。開封後需冷藏保存。

| 04 | 05 | 06 | 07 | 08 | 09 |

06 薄鹽壺底油膏
Bottom Soy Sauce

賞味期 36個月

以黃豆、小麥、水、食鹽、澱粉、蔗糖、酵母菌以壺或甕釀造成醬油，再經過一年以上發酵，萃取底部液體而成，呈深紅色的濃稠液狀。因壺底油需長時間發酵，價格較高，跟一般醬油比起來，口感更為濃郁甘甜，適合替料理上色。

＊適合燒、滷、拌、燴等烹調方式，直接加入料理中調味，或做為沾醬、滷製食物使用。開封後需冷藏保存。

07 香菇素蠔油
Thick Mushroom Soy Sauce

賞味期 24個月

以黃豆、小麥、水、食鹽、澱粉、香菇精、蔗糖、酵母菌釀造發酵製成，呈深紅褐色的濃稠膏狀。蠔油能帶出食物的鮮味，鹹度較低，味帶甘甜，能夠讓料理更加醇厚入味。

＊適合燒、滷、烤、燴等烹調方式，直接加入料理中調味，或做為沾醬、醃製食物使用。

08 黑豆醬油膏
Thick Black Bean Soy Sauce

賞味期 36個月

以黃豆、小麥、水、食鹽、澱粉、蔗糖、酵母菌釀造發酵製成，100% 純釀，含植物蛋白、礦物質、維生素B群、大豆異黃酮、不飽和脂肪酸等營養素製成，呈深紅褐色濃稠液狀，帶有黃豆與小麥發酵香氣、甘醇鹹味。

＊直接使用於料理中調味，適合燒、滷、烤、燴、沾烹調方式，做為沾醬使用，如燉肉、燴三鮮…等，避免陽光直射與高溫處，放置於陰涼通風處，開封後未使用完，必須冷藏儲存。

09 黑豆蔭油 Black Bean Soy Sauce

賞味期 36個月

用天然釀造法讓黑豆經過酵母菌低溫發酵，讓黑豆中的蛋白質游離出來並溶於水中，其原汁就稱為蔭油。黑豆的蛋白質含量比黃豆高，所以滋味相對濃郁、甘甜，很多老字號小吃都是用蔭油來滷肉。

＊適合煮湯、直接沾醬與滷煮料理。

醋

01　02　03　04

01 陳年醋 Aged Vinegar
賞味期 36 個月

此陳年醋是取自十多種水果為原料，釀造而成的綜合水果醋，富含各種水果酵素、胺基酸、蛋白質等營養成分。真正的天然醋在搖晃過後會產生白色泡沫，且會維持數十分鐘之久。味道中帶有各式水果香氣，酸味醇厚溫和。

* 適合用做蒸煮、拌炒等烹調方式，也可用做沾醬、涼拌醬料、醃漬及製作水果醋，或是直接飲用。

02 檸檬醋 Lemon Vinegar
賞味期 36 個月

此水果醋是以陳年醋為基底，添加香水檸檬自然釀造發酵而成，富含維生素 C、糖類、鈣、磷、維生素 B1、B2、檸檬酸、蘋果酸等多種元素。帶有天然的香水檸檬的香氣，不刺激嗆鼻。

* 適合做沾醬、涼拌醬料、醃漬及直接飲用。

03 蘋果醋 Apple Vinegar
賞味期 36 個月

此水果醋是以陳年醋為基底，添加蘋果自然釀造發酵而成，富含維生素 C、維生素 E 和 β - 胡蘿蔔素。酸味中帶有天然蘋果香氣與甜味，中和酸味，口感溫和。

* 適合用做沾醬、涼拌醬料、醃漬及直接飲用。

04 巴薩米可醋
Balsamic/ Balsamico Vinegar
賞味期 36 個月

選用特定品種且完全熟透的葡萄來釀製，因此甜度極高。過濾後的葡萄汁被倒入橡木、栗樹、梣木、櫻桃木和桑樹等各式木桶中進行發酵而成，含有豐富的抗氧化多酚。顏色鮮明，韻味濃厚，入口香甜微酸。

* 適合煎、煮、炒、燉等烹調方式，也可以做為沾醬、涼拌醬料。

其他

01　02　03　04　05　06

01 蕃茄醬 Ketchup

賞味期 24個月

以蕃茄、水、食鹽、糖、醋、香辛料調和、加熱製作而成，醬料呈鮮紅色的濃稠糊狀，帶有蕃茄與辛香料的香氣，具酸、甜、鹹、香的豐富滋味。

* 適合炒、燒、煮、烤、燴等烹調方式，或是做為沾醬、涼拌醬料，如千島醬。

02 辣椒醬 Spicy/Chili Sauce

賞味期 12個月

以辣椒、水、食鹽、糖、醬油、香辛料調和製作而成。醬汁呈紅色濃稠糊狀，帶有辣椒與辛香料香氣。適當的辣味能提升料理的風味。

* 適合炒、燒、煮、烤、燴等烹調方式，或是做為沾醬使用。

03 胡麻辣油 Chili Sesame Oil

賞味期 24個月

以胡麻油、辣椒、山椒、桂皮、陳皮、八角、薑、長蔥煉製而成。入口帶有微微辣味與濃郁的芝麻香氣。

* 可直接加入食物中調味，或是做為醬料調製，適合涼拌、醃漬、低溫烹調之料理。

04 胡麻仁醬 Sesame Sauce

賞味期 24個月

以 100% 新鮮芝麻仁，經多道研磨製程而成。質地細緻綿密，口感滑順迷人，帶有芝麻的甘甜濃郁香味。

* 可與其他調味料調和成各式不同風味的醬料，適合做為涼拌醬汁、沾醬、烘焙、甜品與火鍋湯底。

05 魚露 Fish Sauce

賞味期 24個月

以鮮魚（通常是鯷魚）、鹽、糖、水釀造發酵而成，呈琥珀紅色，質地明亮清澈，帶有海鮮發酵香氣。魚露直接聞會略有嗆鼻味，不過只要搭配糖、醋、檸檬汁、香草或其他香料，別有一番風味。

* 適合炒、蒸、煮等烹調方式，或是做為沾醬、涼拌醬汁，如涼拌海鮮。

06 味醂 Mirin

賞味期 24個月

以糯米、米麴、蒸餾酒，傳承古法三年熟成釀造，含有葡萄糖、果糖等多種單糖和多糖類能量，以及胺基酸、葉酸、纖維素等物質。呈微棕色的液體。入口帶有清新柔和的米香味，清甜爽口。

* 適合蒸煮、燉煮、涼拌、醃滷等烹調方式，也可直接添加到湯頭中。

其他

07　08　09　10　11

07 整粒蕃茄罐
Canned Whole Tomato
賞味期 24個月

以蕃茄、蕃茄汁調和加熱製作而成。帶有蕃茄與辛香料香氣，具蕃茄酸甜風味。因保有完整一粒的蕃茄，香氣濃郁，且已去皮處理，料理十分方便。

＊適合切碎後加在料理中，加入肉醬，或是切碎後加入湯品裡。開封後如未使用完，必須更換至保鮮容器冷藏或冷凍保存，以避免鐵罐生鏽或是蕃茄發霉。

08 蕃茄糊 Tomato Paste
賞味期 24個月

以蕃茄、蕃茄汁、食鹽調和加熱製作而成，帶有蕃茄與調味辛香料香氣，具濃郁的蕃茄酸甜風味。

＊適合炒、燒、煮、烤、燴等烹調方式，或是調製成沾醬使用。開封後如未使用完，必須更換至保鮮容器冷藏或冷凍保存，以避免鐵罐生鏽或是蕃茄糊發霉現象。

09 椰漿 Coconut Milk /Cream
賞味期 24個月

以較熟成的椰子肉，萃取出植物脂肪製作而成，呈乳白色的微稠液狀，帶有椰子濃郁香氣，滑潤甘醇風味。坊間除了罐裝販售，也有小包裝的紙盒，方便一次使用完畢。

＊適合燴、蒸、煮等烹調方式，也很適合加入甜點飲品中，如椰汁西米露、摩摩喳喳。

10 叻沙醬 Laksa Sauce
賞味期 24個月

以蝦米、蝦膏、蒜茸、蔥、辣椒、叻沙葉、叻沙花、香茅、南薑及椰汁等20多種辛香料焙炒而成。含有多種礦物質與維生素和膳食纖維，呈暗紅色固體纖維狀，帶有蝦子與辣椒和香茅的香氣與濃郁的口感。

＊適合炒、蒸、煮等烹調方式，也可做為湯品與調製成涼拌醬料，如涼拌海鮮與蔬果。

11 參巴辣椒醬 Sambal Chili Sauce
賞味期 24個月

以蝦米、蝦鹽、蒜茸、蔥、多種辣椒、大豆油、南薑等10多種辛香料焙炒而成，呈暗紅色固體纖維狀，帶有蝦子鮮味與辣椒的香氣，濃郁的鮮鹹香辣滋味。

＊適合炒、蒸、煮等烹調方式，也可調製為涼拌醬料或沾醬。

| 12 | 13 | 14 | 15 | 16 |

12 玫瑰鹽
Himalayan Pink/Rose Salt
賞味期 24個月

玫瑰鹽強調「來自天然」的鹽，礦物質含量較豐富，外觀是粉紅色結晶，帶有較多層次的鹹味。

* 適合炒、蒸、煮、燉等烹調方式，也可加入湯品調味，或是調製成沾醬或涼拌醬料使用。存放於乾燥通風處。

13 辣豆瓣醬
Chili/Hot Bean Sauce
賞味期 24個月

以黃豆（或蠶豆）、辣椒、食鹽、糖、香油、天然辛香料調和製作而成，具有發酵黃豆與辣椒的辛香風味。

* 適合炒、燒、煮、烤、燴等烹調方式，也可調製為沾醬或拌醬使用。

14 黃芥末醬 Yellow Mustard
賞味期 18個月

以芥末籽、食鹽、水、紅椒、醋、薑黃、香辛料調和製作而成，帶有芥末籽與調味辛香料香氣，具酸香風味，滋味獨特。

* 適合直接或是與其他食材調製成作為沾醬，如蜂蜜芥末醬，亦可調製成涼拌醬料。

15 豆腐乳 Fermented Bean Curd
賞味期 24個月

以豆腐、黃豆、胚芽米、鹽、水、糖、米酒、食用酒精、抗氧化劑調和製作而成，呈米黃或紅色方塊固體，含液狀醬汁，具有黃豆與糙米發酵後的香氣。味道溫潤回甘，入口綿滑。

* 可直接食用或調和成醬料，也可加入菜餚烹調。適合拌、沾、蒸、煮、燒、炸等烹調方式。開封後須冷藏儲存。

16 花椒粉
Zanthoxylum /Pricklyash Powder
賞味期 24個月

將乾燥後的花椒粒、研磨成粉末而成，有明顯的辛香木質及檸檬香氣，味道麻澀辛辣，很適合搭配肉類，是川菜中最常運用的調味料。

* 直接使用於料理中調味，適合炒、蒸、煮、拌、燒、炸等烹調方式，如麻婆豆腐、涼拌椒麻粉絲、醃肉等等，避免放置於陽光直射與高溫處。

中式 川辣黃瓜醬

應用變化 | 適用於根莖類蔬菜、菇類或麵食料理

👤 300g ／ 🕐 5 分鐘
🍲 密封冷藏 5 天

微辣的滋味搭配黃瓜脆口的口感,食欲倍增。

材料 | 紅辣椒圈 20g、蒜末 10g、花椒粒 2g、糖 15g、鹽 2g、胡麻辣油 20CC、烏醋 15CC、豆瓣醬 2g

作法 | 全部材料放入容器中拌勻,放入冰箱冷藏保存,即成。

主廚Tips | 花椒粒的香麻味,可以依個人喜好調整。

中式 檸檬醋醬汁

應用變化 | 適用於藻類、白葉菜醃漬類等食材

👤 75g ／ 🕐 10 分鐘
🍲 冷藏 3 ～ 5 天

檸檬醋的清香酸甜,帶來開胃爽口的涼拌菜。

材料 | 蒜末 3 瓣、鹽 5g、糖 5g、檸檬醋 45CC、香油 5CC

作法 | 將蒜末、鹽、糖、檸檬醋與香油放入容器中拌勻,放入冰箱冷藏,即成。

主廚Tips | 醬料裡的檸檬醋是關鍵,要選用真正的檸檬果醋,才會有天然的清香味。

中式 怪味雞醬

應用變化 | 適用涼拌雞肉、黃瓜或海鮮、洋蔥蔬菜或麵類

👤 130g ／ 🕐 5 分鐘
🍲 密封 3 ～ 5 天

酸甜鹹辣又香濃,適用於涼拌雞肉、黃瓜或海鮮、洋蔥蔬菜或麵類。

材料 | 醬油 40g、醋 15g、麻醬 15g、香油 10g、辣油 10g、白糖 15g、花椒粉 0.5g、蔥花 10g、辣椒末 10g、芝麻 5g

作法 | 將醬油、醋、麻醬、香油、辣油、白糖、花椒粉放入容器中拌勻,再加入蔥花、辣椒末、芝麻攪拌均勻,即成。

主廚Tips | 怪味醬嚐起來具香、鹹、酸、甜豐富的層次,雖然醬料亦可依照個人喜好略做調整,但建議還是要拿捏好各醬料的平衡,不要過於偏好某種口味,才能呈現此醬料的風味。

中式 麻香醬

花椒帶來的麻香,加上香醇溫和的陳年醋,
融合出獨特風味。

應用
變化 | 適用於根莖蔬菜與紅
肉類等食材

材
料 | 陳年醋 150CC、醬油 10CC、胡麻辣油 15CC、鹽 15g、
糖 80g、花椒粒 適量

作
法 | 準備一醬料鍋,放入全部材料,轉小火煮到鹽、糖融
化,關火,瀝掉花椒粒,放涼,密封,移入冰箱冷藏,
即成。

👤 270g / 🕐 10 分鐘
⛱ 密封冷藏 2 週

主廚Tips 陳年醋與花椒粒的味道,可以依個人喜好調整。

中式 醋 醬

醋醬酸香開胃,讓人食指大動。

應用
變化 | 適用於涼拌蔬菜、藻
類、寒天、肉類和海
鮮等食材

材
料 | 白醋 50g、醬油 30g、糖 30g、蒜末 15g、香菜末 15g

作
法 | 將白醋、醬油、糖放入容器中攪拌至糖融化,再加入
蒜末、香菜末拌勻,即成。

👤 140g / 🕐 10 分鐘
⛱ 密封冷藏 3 天

主廚Tips 醬料中含新鮮辛香料(蒜、香菜),未使用完應
冷藏,建議 3 天內食用完畢。

中式 川香麻醬

酸甜麻辣香的川香麻醬,讓無朝氣的胃口重新活躍起來。

應用
變化 | 適用於涼拌麵食、醃
漬葉菜類等食材

材
料 | 香油 30g、白芝麻醬 30g、白醋 20g、細砂糖 40g、醬油
20g、冷開水 60g、花椒粉 1g、蒜末 10g

作
法 | 將香油、白芝麻醬、白醋、細砂糖、醬油放入容器中
攪拌均勻,再加入冷開水、花椒粉、蒜末拌勻,即成。

👤 210g / 🕐 10 分鐘
⛱ 密封冷藏 3 ～ 5 天

主廚Tips 香油、白芝麻醬先充分拌勻,加入其他材料製
作時,芝麻醬才不會結塊。

台式　香蒜辣醬

| 應用變化 | 適用於涼拌海蜇皮或燙肉片等食材 |

👤 150g ／ ⏱ 5 分鐘
🍲 密封冷藏 3 ～ 5 天

香蒜辣醬香鹹味濃,獨特辣味加上蒜頭香氣,十分帶勁。

材料　醬油膏 80g、砂糖 30g、蒜末 15g、辣椒末 15g、香油 10g

作法　全部材料放入容器中拌勻,即成。

主廚Tips　可先將辛香料以外的材料充分拌勻,再加入蒜末、辣椒末拌勻,膏狀的醬料才會容易拌開,醬汁味道會更融合。

台式　梅醋汁

| 應用變化 | 適用於涼拌干絲或海帶絲等菜餚 |

👤 210g ／ ⏱ 10 分鐘
🍲 密封冷藏 2 週

梅醋汁風味酸甜甘香,非常適合做為涼拌醬料。

材料　白醋 100g、二砂糖 100g、話梅 10g

作法　全部材料加入醬料鍋內,轉小火煮至糖融化,放涼,即成。

主廚Tips　加熱目的是要將糖融化,不要煮得過久,以免影響醬汁的最佳風味。

台式　蕪菁醬

| 應用變化 | 適用於根莖類等食材 |

👤 105g ／ ⏱ 10 分鐘
🍲 密封冷藏 3 ～ 5 天

辣豆瓣醬能中和根莖蔬菜獨有的生味。

材料　蒜末 20g、辣豆瓣醬 30g、二砂糖(或細砂糖)40g、醬油 5g、麻油 10g

作法　全部材料放入容器中拌勻,即成。

主廚Tips　材料中的二砂糖用量,可以依照喜好稍做調整。

台式 百香果醬

應用變化 | 適用於涼拌青木瓜或洋蔥絲等食材

百香果醬具有豐富果香與酸甜滋味,十分清爽。

材料 | 百香果 200g、檸檬汁 50g、細砂糖 50g

作法 | 百香果洗淨,切半,取出果肉,備用。將百香果果肉、細砂糖放入醬料鍋內,轉小火煮至融化,加入檸檬汁,關火,待冷卻,即成。

主廚Tips | 加熱主要是要將糖融化,因此不需要過度加熱,才能維持醬汁的最佳風味。

300 g / 15 分鐘
密封冷藏 2 週

台式 黃金泡菜醬

應用變化 | 適用於粗纖維的葉菜類、根莖類等食材

豆腐乳的鹹香與蘋果的清甜,開胃又爽口。

材料 | 涼開水 100CC、去皮紅蘿蔔丁 1/3 條、蒜末 15g、豆腐乳 4~5 塊、去皮蘋果 1/2 顆、韓式辣椒醬 30g、糖 45g、陳年醋 30CC、胡麻辣油 15CC

作法 | 所有食材放入果汁機,攪打成泥狀,盛出放入容器中,密封冷藏,即成。

主廚Tips | 製作泡菜的過程中,注意不能摻雜到生水,否則醬料容易腐敗。

360g / 20 分鐘
密封冷藏 3 ～ 5 天

台式 酒醬汁

應用變化 | 適用於醉鵝或醃漬牛腱等菜餚

酒醬汁具備迷人酒香,清雅的中藥味,引出食材鮮味。

材料 | 水 500g、當歸 15g、枸杞 5g、川芎 10g、黃耆 10g、紅棗 20g、紹興酒 150g、米酒 50g、鹽 15g、冰糖 20g

作法 | 水、當歸、枸杞、川芎、黃耆、紅棗放入鍋內,轉中火煮滾,加入紹興酒、米酒、鹽、冰糖拌勻,關火,待冷卻,即成。

主廚Tips | 醬汁加入紹興酒後,勿過度烹煮,以免酒氣過度散發,香氣流失。也可在醬汁煮好、關火後,最後再加入紹興酒。

760g / 15 分鐘
密封冷藏 1 週

台式　五味醬

濃厚的辛香醬料，酸鹹辣甜香一次到位。

應用變化｜適用於海鮮與白肉類等食材

材料｜薑泥 5g、蒜末 10g、去籽辣椒末 5g、蔥花 5g、香菜末 5g（不吃香菜可改成蒜苗末）、醬油膏 45CC、蕃茄醬 45CC、陳年醋 15CC、砂糖 5g

作法｜全部材料放入容器中拌勻，即成。

140g ／ 3 分鐘
密封冷藏 3 ～ 5 天

主廚 Tips｜五味醬適用於水煮肉、白斬雞、海鮮類（如蝦、魷魚、花枝等），是十分好用的調味沾醬喔！

台式　蒜蓉醬

蒜蓉醬甜鹹滋味，帶有濃郁蒜香，適合做為沾醬。

應用變化｜適用於涼拌鮮蝦或豆乾等食材

材料｜醬油膏 60g、蠔油 30g、砂糖 30g、水 60g、太白粉 5g、蒜末 20g

作法｜將醬油膏、蠔油、砂糖放入醬料鍋中，轉小火將糖煮至融化，加入太白粉水，攪拌出微微稠狀，倒入蒜末，拌勻，即成。

200g ／ 10 分鐘
密封冷藏 3 ～ 5 天

主廚 Tips｜蒜末在最後階段才加入，避免高溫烹煮，才能維持蒜頭風味。

南洋　檸檬魚露醬

此醬料帶有魚露鮮味與檸檬香氣，道地泰國風味。

應用變化｜適用於涼拌海鮮或蒸魚等菜餚

材料｜檸檬汁 50g、魚露 50g、細砂糖 30g

作法｜全部材料放入容器中拌勻，即成。

130g ／ 5 分鐘
密封冷藏 3 ～ 5 天

主廚 Tips｜道地的泰國檸檬魚露醬，味道嚐起來偏酸、鹹，因此放入一些糖來調味，讓醬汁味道更平衡、融合。

南洋 沙嗲醬

南洋醬料的代表，濃郁花生香味，甜鹹微辣，超級開胃。

應用變化：適用於肉類與根莖蔬菜類等食材

材料：叻沙醬 50g、熟花生碎 90 g、椰奶 150CC、油蔥酥 10g、冷開水 50CC、蒜酥 10g、紅砂糖 75g、金桔 1 顆

作法：將叻沙醬、椰奶、冷開水、紅砂糖放入醬料鍋，轉小火煮至糖融化，關火，加入熟花生末、油蔥酥、蒜酥、金桔汁拌勻，即成。

850g ／ 10 分鐘
密封冷藏 3 ～ 5 天

主廚Tips：此道醬料的靈魂是花生，挑選好的花生，能夠完美呈現沙嗲醬。

南洋 參巴醬

蘊含多種風味的參巴醬，是印尼的經典醬料。

應用變化：適用於涼拌牛肚或炒雞肉等菜餚

材料：羅望子 20g、熱水 120g、乾辣椒 3 ～ 5g、小魚乾 20g、蒜頭 15g、辣椒 10g、蝦米 10g、紅蔥頭碎 10g、鹽 5g、椰漿 30g、砂糖 15g

作法：
1 羅望子用熱水泡開（約 20 分鐘），瀝取汁液；乾辣椒用熱水泡軟、剖開、去籽；小魚乾一半炸至金黃，備用。
2 將乾辣椒、未炸的小魚乾、蒜頭、辣椒、蝦米放入果汁機打成辣椒泥。
3 鍋內倒入油預熱，轉小火，依序放入紅蔥頭碎、辣椒泥炒香，倒入羅望子汁、鹽、椰漿、砂糖，關火，放入炸小魚乾，拌勻，即成。

170g ／ 20 分鐘
密封冷藏 3 ～ 5 天

主廚Tips：椰漿要以小火烹煮，不要加熱過久，以免油水分離。

南洋 叻沙甜醬

微辣的咖哩搭配微甜椰奶，滑順口感，非常適合搭配肉類。

應用變化：適用於根莖蔬菜與各種肉類

材料：叻沙醬 200g、洋蔥末 100g、蒜末 20g、蕃茄醬 100g、紅砂糖 80g、水 100CC

作法：
1 鍋內倒入油預熱，加入洋蔥末、蒜末炒至顏色呈淺褐色。
2 加入叻沙醬炒香，倒入蕃茄醬、水及紅砂糖，拌炒至糖融化。
3 醬汁煮滾，轉小火續煮約 5 至 8 分鐘，關火，待涼，即成。

600g ／ 15 分鐘
密封冷藏 3 ～ 5 天

主廚Tips：香油、白芝麻醬先充分拌勻，加入其他材料製作時，芝麻醬才不會結塊。

南洋 雲南酸辣醬

檸檬醋酸香、與辣椒的微辣帶來開胃清爽的口感。

應用變化	適用於紅肉、白肉類及葉菜類等食材

👤 100g ／ 🕐 10 分鐘
🍲 密封冷藏 3 ～ 5 天

材料　洋蔥絲 30g、檸檬醋 50CC、花椒粉 5g、去籽辣椒末 5g、蒜末 5g、香菜末 5g

作法　全部材料放入容器中拌勻，放入冰箱冷藏，即成。

主廚 Tips　使用天然水果醋，可以讓料理佳餚中的酸味增添水果清香，美味加分。

南洋 越式甜醬

花生醬的甜鹹、檸檬醋的清香，微辣鹹香的滋味。

應用變化	適用於根莖蔬菜、葉菜類及紅肉類等食材，或麵包抹醬

👤 330g ／ 🕐 15 分鐘
🍲 密封冷藏 3 ～ 5 天

材料　顆粒花生醬 200g、檸檬醋 40CC、白糖 30g、魚露 10CC、冷開水 40CC、去籽辣椒末 1/2 支、蒜末 2 瓣

作法
1 將檸檬醋、白糖、冷開水、魚露放入容器中攪拌至糖融化，加入辣椒末與蒜末拌勻。
2 醬汁分 3 次倒入花生醬中，每次倒入就要充分拌勻，直到全部調和均勻，即成。

主廚 Tips　醬汁倒入花生醬時一定要分次添加，才能均勻調和。

南洋 泰式酸辣醬

泰式酸辣醬具備酸香鹹辣，滋味濃郁開胃。

應用變化	適用於涼拌海鮮或洋蔥絲等食材

👤 170g ／ 🕐 10 分鐘
🍲 密封冷藏 3 ～ 5 天

材料　檸檬汁 50g、魚露 50g、細砂糖 30g、蒜末 15g、辣椒末 15g、薑末 10g

作法　全部材料放入容器中拌勻，放入冰箱冷藏，即成。

主廚 Tips　酸味與魚露鹹味可略微依照個人喜好做調整，唯獨甜味只能以柔和醬汁本身風味，不可呈現明顯甜味，以免偏離醬汁本身應有風味。

香茅綠咖哩醬

南洋

應用變化｜適用於涼拌雞肉或咖哩火鍋等料理

香茅綠咖哩醬香辣濃郁，卻有椰漿的滑順奶香，十分平衡。

材料｜香茅 30g、薑片 10g、綠咖哩醬 30g、水 150g、椰漿 50g、鹽 3g、二砂糖 10g

作法｜
1 香茅、薑片、綠咖哩醬、水放入醬料鍋內，轉小火煮至湯汁收濃約 1/3。
2 加入椰漿、鹽、二砂糖煮勻，待涼，即成。

150g ／ 15 分鐘
密封冷藏 3 ～ 5 天

主廚Tips｜最後放入椰漿調味時不要過度加熱，以免油水分離。

酸辣魚露醬

南洋

應用變化｜適用於涼拌小黃瓜、洋蔥及牛肉河粉湯等料理

酸辣魚露醬酸甜鹹香，層次豐富。

材料｜魚露 80g、細砂糖 30g、檸檬汁 15g、辣椒末 10g、香菜末 10g

作法｜全部材料放入容器中拌勻，放入冰箱冷藏，即成。

150g ／ 10 分鐘
密封冷藏 3 ～ 5 天

主廚Tips｜越式醬汁甜味較重，調製時可以照個人喜好略為調整。

檸檬醋薑汁

南洋

應用變化｜適用於海鮮、酸甜類蔬果及生菜類等食材

檸檬醋的清香與薑的嗆辣，超級搭配。

材料｜冷開水 15CC、魚露 30CC、砂糖 22g、檸檬醋 30CC、薑末 10g、蒜末 10g

作法｜全部材料放入容器中拌勻，放入冰箱冷藏，即成。

100g ／ 10 分鐘
密封冷藏 5 天

主廚Tips｜此道醬料的鹹度來自於魚露，可以依照個人喜好調整。

蒜辣蝦醬

南洋

應用變化｜適用於涼拌、拌炒葉菜類等食材

- 220g ／ 20 分鐘
- 密封冷藏 3 ～ 5 天

蒜辣蝦醬風味濃厚，適合搭配各種蔬菜與海鮮料理。

材料｜蝦米 50g、油 20g、薑末 10g、蒜末 15g、紅蔥頭末 15g、蝦膏 20g、米酒 10g、魚露 20g、蠔油 30g、糖 30g

作法
1. 蝦米洗淨，泡軟、瀝乾、切碎，備用。
2. 取一炒鍋倒入油預熱，放入蝦米、薑末、蒜末、紅蔥頭末炒香，依序加入蝦膏、米酒、魚露、蠔油、糖拌炒入味，關火，放涼，即成。

主廚Tips｜蒜辣蝦醬本身風味濃郁，如喜愛辣味者可在爆香階段加入辣椒，可以讓辣度更提升，香氣也更濃郁。

泰式檸檬辣醬

南洋

應用變化｜適用於紅肉、白肉類、海鮮及葉菜類等食材

- 65g ／ 10 分鐘
- 密封冷藏 5 天

魚露帶來的鹹香，提升整個醬料的層次。

材料｜魚露 10CC、醬油 10CC、蒜末 20g、薑末 20g、紅辣椒末 1 根

作法｜全部材料放入容器中拌勻，放入冰箱冷藏，即成。

主廚Tips｜醬汁調合後會呈現料比醬多，是為了將辛香食材鋪滿在主要食材上，入口會更有層次。

越式甜辣醬

南洋

應用變化｜適用於紅肉、白肉及白肉海鮮類等食材

- 120g ／ 10 分鐘
- 密封冷藏 5 天

酸甜辣醬搭配紅蔥頭的口感，非常對味。

材料｜魚露 10CC、泰式甜辣醬 50CC、糖 5g、新鮮紅蔥頭片 30g、檸檬薄片 1/4 顆、紅辣椒末 1 根

作法｜全部材料放入容器中拌勻，放入冰箱冷藏，即成。

主廚Tips｜製作醬料時，也可以將紅蔥頭片改切成末，口感會不一樣哦！

日式 紫蘇醬

應用變化 適用於醃漬洋蔥或海鮮等食材

- 165g / 15 分鐘
- 密封冷藏 1 週

紫蘇醬風味獨特芬芳,搭配菇蕈,十分清爽。

材料 紫蘇 15g、醋 60g、糖 60g、醬油 30g

作法
1 紫蘇洗淨、切末,備用。
2 全部材料放入醬料鍋內,轉小火煮至融化,放涼,即成。

主廚Tips 紫蘇味道強烈,調製醬汁時可依照個人洗好增減紫蘇用量。

日式 鳳梨醋醬

應用變化 適用於蔬果生菜類、紅肉海鮮類、白肉海鮮類、紅肉類等食材

- 50g / 5 分鐘
- 密封冷藏 2 週

鳳梨醋的酸甜味讓鹹香微辣的醬汁,多了一股清新的風味。

材料 醬油 5CC、味醂 10CC、鳳梨醋 30CC、七味粉 5g、鹽 1g、白胡椒粉 1g

作法 全部材料放入容器中拌勻,放入冰箱冷藏,即成。

主廚Tips 七味粉是為了增加風味,不宜加太多,會影響口感。

日式 牛蒡淋醬

應用變化 適用於紅肉、白肉類及根莖蔬菜類等食材

- 270g / 5 分鐘
- 密封冷藏 7 天

清爽的味道,能夠增進食慾。

材料 陳年醋 100CC、醬油 100CC、砂糖 60g、香油少許

作法 將砂糖、醬油放入容器中攪拌至糖融化,倒入陳年醋、香油拌勻,即成。

主廚Tips 陳年醋的選用很重要,挑選好的醋,可以讓醬料更加分!

日式 柴魚汁醬

應用變化｜適用醃漬洋蔥等食材或作為冷豆腐的醬汁

👤 210g ／ ⏱ 20 分鐘
🍯 密封冷藏 1 週

柴魚汁醬風味甘醇，適合搭配各種蔬菜涼拌。

材料　水 200g、柴魚 10g、醬油適量、味醂適量

作法
1 水放入醬料鍋內，轉大火煮滾，關火，加入柴魚浸泡，放涼，濾出柴魚汁，備用。
2 柴魚汁、醬油、味醂依照比例（3：1：1.5）放入容器中拌勻，即成。

主廚Tips　醬汁比例可依照個人喜好略微調整。

日式 和風芥籽醬

應用變化｜適用於葉菜類、根莖蔬菜及生菜類等食材

👤 90g ／ ⏱ 5 分鐘
🍯 密封冷藏 1 週

芥籽的顆粒微辣口感，帶來刺激味蕾的快感。

材料　香菇醬油露 60CC、芥末籽醬 20g、陳年醋 10CC

作法　將香菇醬油、芥末籽醬、陳年醋放入容器中拌勻，即成。

主廚Tips　芥末籽醬過多會影響香菇醬油露的風味，應酌量使用。

日式 果醋醬汁

應用變化｜適用於根莖蔬菜類、白肉類等食材

👤 80g ／ ⏱ 5 分鐘
🍯 密封冷藏 3 ～ 5 天

甜酸的清新風味，忍不住一口接一口。

材料　醬油 30CC、蘋果醋 20CC、味醂 10CC、蘋果泥 10g（適個人口味添加）

作法　全部材料放入容器中均勻，放入冰箱冷藏，即成。

主廚Tips　有蘋果泥可以增添醬料的果香味，不一定要加，可以依自己的喜好斟酌。

日式 柚香醬

| 應用變化 | 適用於涼拌海鮮或醃漬蘿蔔等食材 |

👤 300g ／ 🕐 15 分鐘
🔥 密封冷藏 1 週

柚香醬充滿新鮮葡萄柚果香，開胃爽口。

材料　葡萄柚 1/4 顆、白醋 100g、糖 125g、鹽 12g

作法
1 葡萄柚洗淨、刨取外皮，取肉、取汁，備用。
2 白醋、糖、鹽放入醬料鍋中，轉小火將糖煮至融化，拌入葡萄柚皮、肉、汁，放涼，即成。

主廚Tips　加入葡萄柚果肉後可小火略煮讓醬汁風味融合，但是不可大火與過度烹煮以免破壞風味。

日式 胡麻醬

| 應用變化 | 適用於白肉類、葉菜類等食材 |

👤 200g ／ 🕐 10 分鐘
🔥 密封冷藏 5 天

濃郁胡麻醬與花生醬順滑的口感，日式淋醬的第一選擇。

材料　胡麻醬 120CC、醬油 20CC、味醂 10CC、蒜末 5g、柔滑花生醬（無顆粒）30g、冷開水適量

作法　將胡麻醬、蒜末、醬油、味醂與花生醬放入容器中，加入冷開水拌勻調整濃稠度，放入冰箱冷藏，即成。

主廚Tips　胡麻醬經過冷藏後會更加濃稠，再次使用前，可加入一些冷開水調整濃稠度。

日式 柴魚醋汁醬

| 應用變化 | 適用於天婦羅沾醬或炒烏龍麵等料理 |

👤 200g ／ 🕐 20 分鐘
🔥 密封冷藏 5 天

柴魚醋汁醬有醬油及柴魚的滋味，經典日式風味。

材料　水 200g、柴魚 5g、醬油 40g、味醂 40g、白醋 20g、細砂糖 20g

作法　水放入醬料鍋中，轉大火煮滾，關火，放入柴魚浸泡，放涼，濾出柴魚湯，備用。柴魚湯取 80g，加入醬油、味醂、白醋、細砂糖調勻，即成。

主廚Tips　柴魚用浸泡的方式，才能呈現香氣與鮮味，不要大火烹煮，以免產生腥味與酸味。

日式 醋汁醬

| 應用變化 | 適用於醃漬蘿蔔等根莖、瓜果類等食材 |

🧑 205g／🕐 5 分鐘
⛰ 密封冷藏 2 週

醋汁醬製作簡單，酸甜又開胃。

材料｜醋 100g、糖 100g、鹽 5g

作法｜全部材料放入醬料鍋中，轉小火煮至融化，放涼，即成。

主廚 Tips｜製作醬料時，以小火煮至糖溶解即可，不要用大火烹煮過度，以免影響風味。

日式 蒲燒醬

| 應用變化 | 適用於蒲燒鰻魚或燒烤海鮮等料理 |

🧑 370g／🕐 10 分鐘
⛰ 密封冷藏 2 週

蒲燒醬風味濃郁芳香，適合運用於各種燒烤食物製作。

材料｜醬油 120g、米酒 120g、砂糖 35g、麥芽糖 35g、味醂 60g

作法｜全部材料放入醬料鍋內，煮至醬汁收濃至 2/3 左右，有濃稠感，關火，放涼，即成。

主廚 Tips｜製作醬料時須注意火力及醬汁收濃的掌控，不要過度高溫以免產生焦苦味。

日式 照燒醬

| 應用變化 | 適用於肉類食材或蔬菜串燒涮醬 |

🧑 220g／🕐 10 分鐘
⛰ 密封冷藏 2 週

照燒醬甘醇濃郁，並帶有香鹹甜風味。

材料｜醬油 80g、米酒 80g、砂糖 25g、麥芽糖 25g、柴魚 10g

作法｜全部材料放入醬料鍋內，轉小火煮至醬汁略微濃稠，放涼，即成。

主廚 Tips｜製作醬料時須注意火力及醬汁收濃的掌控，不要過度高溫以免產生焦苦味。

日式 日式芥末醋醬

日式芥末醬油的新變化，帶給您全新感受。

應用變化｜適用於白肉海鮮類、紅肉類等食材

材料｜初榨特級橄欖油 100CC、陳年醋 30CC、薄口醬油 90CC、哇沙米 15g、鹽 1g、糖 3g

作法｜將薄口醬油、鹽、糖放入容器中攪拌至融化，加入哇沙米、陳年醋拌勻，最後倒入橄欖油拌勻，即成。

220g ／ 10 分鐘
密封冷藏 5 天

主廚Tips 喜愛哇沙米的話，可以多加一些，但濃稠度也會改變，可用醬油來調整濃度。

韓式 魚露醋醬

魚露醋醬酸甜，帶有鮮味，能引出食材風味。

應用變化｜適用於涼拌海鮮或作為各式春捲沾醬

材料｜白醋 40g、魚露 30g、糖 40g、薑泥 10g

作法｜
1 將白醋、魚露、糖放入醬料鍋內，轉小火煮至糖融化。
2 加入薑泥拌勻、放涼，即成。

120g ／ 15 分鐘
密封冷藏 3 天

主廚Tips 魚露醋醬因為含有新鮮薑泥，製作後應盡速使用完畢，以保持新鮮良好的風味。

韓式 韓式辣醃醬

韓式辣醃醬風味鹹辣濃烈，適合製作各種韓式醃漬泡菜。

應用變化｜適用於醃漬蘿蔔或各種醬菜等食材

材料｜韓國魚露 10g、蒜末 20g、洋蔥 10g、老薑 10g、蘋果 1/5 顆、澄粉 40g、水 200g、韓式辣椒粉 40g、紅白蘿蔔絲各 35g、紅辣椒圈 15g、青蔥丁 40g、熟白芝麻 10g、糖 10g、蝦醬 1g

作法｜
1 韓國魚露、蒜末、洋蔥、老薑、蘋果放入果汁機，攪打成泥，備用。
2 澄粉、水放入鍋中，轉小火煮成糊狀，放涼，備用。
3 全部材料放入容器中拌勻，即成。

500g ／ 15 分鐘
密封冷藏 5 天

主廚Tips 醬料要確實拌勻，以免粉末結塊未完全化開而影響醃漬成效。

韓式 韓式涼拌汁

應用
變化｜適用於藻類、葉菜類
等食材

👤 35g ／ 🕙 10 分鐘
🍶 密封冷藏 3 ～ 5 天

微辣與麻油香帶來的順滑口感，道地的韓式風味。

材料｜胡麻辣油 15ml、韓式辣粉適量、糖 5g、白芝麻 2g、細蔥花 5g、蒜末 10g

作法｜全部材料放入容器中拌勻，即成。

主廚Tips 白芝麻用乾鍋焙炒過，香氣更濃，會讓醬汁味道更提升。

韓式 韭菜醃醬

應用
變化｜適用於白肉類與葉菜類

👤 75g ／ 🕙 10 分鐘
🍶 密封冷藏 3 ～ 5 天

微辣且鹹香，帶點烏梅汁的微酸的口感，超級解膩。

材料｜蒜泥 10g、胡麻辣油 15CC、韓式粗辣椒粉 5g、魚露 5CC、韓式辣椒醬 20g、烏梅汁 20CC

作法｜全部材料放入容器中拌勻，即成。

主廚Tips 此醬汁的關鍵在於烏梅汁的選用。

韓式 糖醋醬

應用
變化｜適用於根莖蔬菜類、
粗纖維葉菜類等食材

👤 400g ／ 🕙 10 分鐘
🍶 密封冷藏 7 天

百搭萬用的糖醋醬，酸酸甜甜的滋味。

材料｜冷開水 180CC、雪碧汽水 20CC、白醋 100CC、白糖 100g

作法｜將冷開水、雪碧汽水、白糖放入醬料鍋中，轉小火煮至糖融化，放涼，加入白醋拌勻，即成。

主廚Tips 當白醋遇到白糖，請勿用大火滾煮，轉小火煮至白糖融化即可。

韓式 辣醃醬

應用變化 適用於根莖蔬菜類、粗纖維葉菜類等食材

👤 280g ／ 🕐 15 分鐘
♨ 密封冷藏 3 ～ 5 天

百搭的醃醬，豐富滋味進入食材，讓食物更加分。

材料 洋蔥泥 50g、蒜泥 30g、薑泥 10g、韭菜 1 株、韓式辣椒粉 30g、魚露 30CC、糯米粉水 50CC、糖 20g

作法
1 韭菜洗淨、切段。
2 全部材料放入容器中拌勻，即成。

主廚Tips 此醬可用懶人速成法，就是把清洗後的食材直接放進食物攪拌機或果汁機，攪打成泥即可。

韓式 韓式辣味噌醬

應用變化 適用於澱粉類、魚漿類、海鮮類與根莖類等食材

👤 340g ／ 🕐 15 分鐘
♨ 密封冷藏 3 ～ 5 天

滋味濃厚的辣味噌醬，只有下飯可以形容。

材料 洋蔥絲 1/4 顆、蒜末 50g、薑末 5g、去籽辣椒末 1 根、韓式辣粉 5g、韓式辣椒醬 45g、醬油 15CC、糖 5g、陳年醋 5CC、米酒 5CC

作法 全部材料放入容器中拌勻，即成。

主廚Tips 洋蔥也可以切成末，會更方便食用。

韓式 醋汁辣醬

應用變化 適用於涼拌冷肉或作為炸春捲醬料

👤 150g ／ 🕐 10 分鐘
♨ 密封冷藏 2 週

醋汁辣醬酸甜帶辣，滋味濃郁卻又爽口。

材料 白醋 45g、鹽 10g、糖 50g、韓式辣椒粉 10g、熟白芝麻 5g

作法
1 白醋、鹽、糖放入醬料鍋內，轉小火煮至糖融化。
2 加入韓式辣椒粉、白芝麻拌勻、放涼，即成。

主廚Tips 烹煮醬汁時，用小火煮至鹽、糖融化即可。

法式 伍斯特芥籽醬

| 應用變化 | 適用於紅肉類、紅肉海鮮類等食材 |

👤 150g ／ 🕙 10 分鐘
🍲 密封冷藏 5 天

果汁的清甜香味配上芥籽醬,增添特別的微辣口感。

材料 | 伍斯特醬(梅林辣醬油)10CC、白酒 45CC、蘋果醋 30CC、柳橙汁 30CC、檸檬汁 15CC、法式第戎芥籽醬 15g、糖 5g

作法 | 全部材料放入容器中拌勻,即成。

主廚Tips 芥籽醬勿過多,會影響整體醬汁的口感。

法式 白酒油醋醬

| 應用變化 | 適用於白肉海鮮類、根莖類等食材 |

👤 285g ／ 🕙 5 分鐘
🍲 密封冷藏 3 ~ 5 天

白酒的香氣與鳳梨醋的微酸甜搭配橄欖油,增加滑順的口感。

材料 | 初榨橄欖油 100CC、白酒 50CC、鳳梨醋 100CC、糖 30g、鹽 5g、黑胡椒粉少許

作法 | 全部材料放入容器中拌勻,即成。

主廚Tips 鳳梨醋的挑選很重要,請選口感溫和的,不要選擇太酸嗆的,醬汁風味會比較順口。

法式 紅酒醬汁

| 應用變化 | 適用於蔬果類、生菜類等食材 |

👤 650g ／ 🕙 20 分鐘
🍲 密封冷藏 3 ~ 5 天

紅酒的葡萄酒香氣,搭配果汁的酸甜,令人陶醉。

材料 | 紅酒 450CC、柳丁 1 顆、檸檬 1 顆、砂糖 120g

作法 |
1 柳丁、檸檬洗淨,刨取外皮、切成細絲,果肉擠成汁,備用。
2 紅酒、砂糖與作法 1 放入醬料鍋中,轉小火煮至糖融化,蓋上鍋蓋燜煮 20 分鐘(讓果皮的香味煮進醬汁裡),關火,放涼,即成。

主廚Tips 刨取果皮時要注意別刨到白色的部分,會讓醬汁有苦味。

義式 巴西里美乃滋醬

新鮮巴西里的香味與美乃滋的結合，別有一番風味。

應用變化｜適用於海鮮類、澱粉麵包及冷麵類等食材

材料｜無糖美乃滋 200g、三明治火腿丁 2 片、新鮮巴西里末 15g、黑胡椒粉 5g

作法｜全部材料放入容器中拌勻，即成。

270g ／ 10 分鐘
密封冷藏 5 天

主廚 Tips｜火腿丁也可以選用真肉火腿，但是風味會比較不一樣。

義式 松子青醬

青醬帶有羅勒葉獨特清香的味道，濃郁醬汁非常百搭。

應用變化｜適用於烹調義大利麵或涼拌義式烤蔬菜等菜餚

材料｜松子 15g、蒜仁 15g、羅勒葉 15g、鹽 5g、橄欖油 150g

作法｜
1 松子直接放入鍋中，轉小火炒至香味出來，放涼，備用。
2 全部材料放進果汁機，攪打成泥，即成。

200g ／ 15 分鐘
密封冷藏 3 天

主廚 Tips｜青醬製作後建議盡速使用完畢，以維持新鮮風味以及翠綠色澤。

義式 蕃茄薄荷醬

味道濃郁的蕃茄罐頭，搭配薄荷葉香氣，風味十足

應用變化｜適用於白肉、紅肉類及葉菜類等食材

材料｜初榨橄欖油 60CC、去皮牛蕃茄罐頭（切碎）2 顆、蒜末 8 顆、薄荷葉末 15g、鹽 5g、黑胡椒 2g

作法｜
1 從罐頭中取出整顆蕃茄，切碎，備用。
2 全部材料放入容器中攪拌均勻，即成。

180g ／ 5 分鐘
密封冷藏 3 ～ 5 天

主廚 Tips｜去皮蕃茄罐頭的風味跟一般的蕃茄味道不同，在進口超市比較容易買到。

義式 酪梨優格醬

口感順滑的酪梨，帶有優格的清甜與檸檬的香氣。

| 應用變化 | 適用於海鮮類、菇類等食材 |

材料　熟透酪梨半顆、無糖優格 150g、檸檬汁 1/2 顆、蕃茄末 2 顆、鹽 2g

作法
1 優格、檸檬汁拌勻，與酪梨一起倒入果汁機攪打均勻，盛入容器中。
2 加入蕃茄末、鹽拌勻，即成。

👤 580g ／ 🕐 10 分鐘
🍮 密封冷藏 3 ～ 5 天

主廚 Tips
酪梨醬不易保存，容易氧化變黑。建議使用夾鏈袋密封醬料並鋪平，放入冰箱冷凍，可以保存 3 週。

美式 芝麻乳酪沙拉醬

奶油乳酪的清新起司味配上芝麻與蒔蘿的香氣，大人小孩都喜歡。

| 應用變化 | 適用於蔬果類、醃漬肉品、生菜類等食材 |

材料　水煮蛋碎 3 顆、無糖美乃滋 20g、卡夫菲利奶油乳酪 15g、細蔥花 1/2 根、胡椒粉 1g、鹽 1g、白芝麻 3g、聖女小蕃茄片 2 顆、蒔蘿末 4 小朵

作法　全部材料放入容器中拌勻，即成。

👤 265g ／ 🕐 10 分鐘
🍮 密封冷藏 5 天

主廚 Tips
選用新鮮蒔蘿，並切成碎末，會讓香氣釋放，醬料風味更佳！

美式 白酒酸豆醬汁

白酒與培根的香氣配上酸豆的酸鹹味，是成熟的味道。

| 應用變化 | 適用於白肉海鮮、生菜類等食材 |

材料　洋蔥末 50g、培根末 20g、酸豆 15g、白酒 20CC、陳年醋 20CC、橄欖油 60CC

作法
1 取一平底鍋倒入橄欖油預熱，轉中火放入洋蔥末、培根末、酸豆炒香。
2 轉小火，倒入白酒、陳年醋混合炒勻，關火，放涼，盛入容器，放進冰箱冷藏，即成。

👤 185g ／ 🕐 10 分鐘
🍮 密封冷藏 3 ～ 5 天

主廚 Tips
酸豆可以一半炒製，另外一半壓成泥狀，再與其它食材混合均勻，可以讓口感多一種層次。

美式 香橙&檸檬優格醬

水果優格醬酸甜清爽開胃,適合搭配各種水果涼拌。

應用變化 | 適用於涼拌南瓜或洋芋等根莖類食材

材料 | 柳橙1顆、檸檬1顆、細砂糖40g、優格100g

作法
1 柳橙洗淨,削皮、取果肉、榨汁,放入醬料鍋內,加細砂糖10g轉小火煮至濃稠,放涼,拌入優格50g,即成香橙優格醬。
2 檸檬榨汁,放入醬料鍋內,加細砂糖30g轉小火煮至濃稠,放涼,拌入優格50g,即成檸檬優格醬。

210g ／ 20分鐘
密封冷藏3～5天

主廚Tips 煮水果醬時,不要開大火,避免溫度沒有掌控好而焦掉,且要注意濃稠度(不要太稀),與優格攪拌時,才能呈現良好口感。

美式 蜂蜜芥末咖哩醬

香氣逼人加上爽口香甜的滋味,怎麼搭配都美味。

應用變化 | 適用於涼拌烤雞、酥炸海鮮等料理的沾醬

材料 | 蜂蜜15g、黃芥末醬10g、咖哩粉3g、美乃滋50g

作法 | 全部材料放入容器中拌勻,即成。

60g ／ 5分鐘
密封冷藏3～5天

主廚Tips 可依照個人喜好,略微調整材料的使用量。

美式 檸檬花生醬

香濃花生加上檸檬清爽,迷人風味令人停不了手。

應用變化 | 適用於涼拌蔬菜、烤肉等料理的沾醬

材料 | 花生醬15g、檸檬汁5g、美乃滋40g

作法 | 全部材料放入容器中拌勻,即成。

60g ／ 5分鐘
密封冷藏3～5天

主廚Tips 如醬汁較為濃稠,可適量加入冷開水調整濃稠度。

美式 鮪魚醬

| 應用變化 | 適合製作鮪魚三明治、鮪魚麵包或 Pizza 等料理 |

🧑 250g ／ 🕐 10 分鐘
🍶 密封冷藏 3 ～ 5 天

濃郁香鹹又帶點甜的鮪魚醬香氣，無論大人小孩都無法抗拒。

材料 鮪魚 1 罐、洋蔥末 40g、酸黃瓜末 50g、美乃滋 60g、葡萄乾 20g、鹽 3g、白胡椒粉 1g

作法
1 鮪魚罐、洋蔥末、酸黃瓜末分別將汁液瀝乾，備用。
2 全部材料放入容器中拌勻，即成。

主廚Tips 鮪魚罐與蔬菜末要確實瀝乾或擠乾水分，避免鮪魚醬出水或菜汁四溢。

美式 蜂蜜蘋果油醋醬

| 應用變化 | 適用於蔬果類、海鮮類、根莖蔬菜類與生菜類等食材 |

🧑 50g ／ 🕐 5 分鐘
🍶 密封冷藏 3 ～ 5 天

酸甜滋味，佐以黃芥末的微辛辣與橄欖油的滑順，口感一級棒。

材料 蜂蜜 10CC、黃芥末醬 10CC、橄欖油 15CC、蘋果醋 10CC、鹽 2g、黑胡椒 2g

作法 全部材料放入容器中拌勻，即成。

主廚Tips 黃芥末醬較濃稠，建議最後再加入醬汁，會比較容易拌勻。

美式 雙瓜醬

| 應用變化 | 適用於紅肉、白肉類及根莖蔬菜等食材 |

🧑 840g ／ 🕐 15 分鐘
🍶 密封冷藏 5 天

南瓜泥的濃郁甜味與酸黃瓜的酸味，增加層次變化。

材料 南瓜片 1/2 顆、酸黃瓜末 2 條、紫洋蔥末 1/2 個、無糖美乃滋 100g、黑胡椒粒 3g

作法
1 南瓜蒸熟，趁熱壓成泥狀，放涼，備用。
2 紫洋蔥末放入冷開水冰鎮（增加脆度與去除辛辣味），瀝乾水分，備用
3 南瓜泥、酸黃瓜末、紫洋蔥末、黑胡椒粒、無糖美乃滋放入容器中拌勻，放入冰箱冷藏，即成。

主廚Tips 製作醬料時，要注意別碰到生水，容易導致醬料腐敗。南瓜可以帶皮一起蒸，雖然成品的顏色較深，但能保留更多營養價值。

墨西哥辣椒莎莎醬

墨西哥

此醬料味道酸辣鮮香開胃，適合與重口味的料理搭配。

應用變化 | 適用各種墨西哥捲餅

👤 165g ／ 🕐 10 分鐘
🍳 密封冷藏 2 ～ 3 天

材料 墨西哥辣椒 50g、蕃茄 50g、洋蔥末 20g、香菜末 10g、檸檬汁 10g、鹽 5g、橄欖油 20g

作法
1 墨西哥辣椒切小丁；蕃茄洗淨，去皮、去籽、切小丁，備用。
2 全部材料放入容器中拌勻，即成。

主廚 Tips　蕃茄皮含有豐富的營養素，是否去皮就看個人的烹調和飲食習慣。但蕃茄一定要去籽，否則完成後的醬汁會太稀、太水。

鳳梨莎莎醬

墨西哥

酸、甜、鹹、辛、辣，一應俱全，異國風味的涼拌首選。

應用變化 | 適用於生菜類、麵包餅乾類、紅肉海鮮類與白肉類等食材

👤 500g ／ 🕐 10 分鐘
🍳 密封冷藏 2 ～ 3 天

材料 牛蕃茄 3 顆、鳳梨小丁 1/4 顆、洋蔥末 1/2 顆、蒜末 3 瓣、辣椒末 1 根、醬油 15CC、檸檬汁 15CC、橄欖油 15CC、糖 5g、香菜末 2g

作法
1 蕃茄洗淨，去皮、去籽、切小丁，備用。
2 全部材料放入容器中拌勻，即成。

主廚 Tips　牛蕃茄需要去籽，以免醬汁太稀。

墨西哥酸辣醬

墨西哥

酸甜鹹辣，加上香草香料的特殊香氣與橄欖油的滑順，恰到好處。

應用變化 | 適用於生菜類、麵包餅乾、紅肉海鮮類與白肉類等食材

👤 290g ／ 🕐 10 分鐘
🍳 密封冷藏 2 ～ 3 天

材料 初榨橄欖油 15CC、蘋果醋 15CC、牛蕃茄丁 2 顆、洋蔥末 1 顆、蒜末 5 顆、紅辣椒末 3 條、香菜末 30g、俄力岡香料 5g、鹽 5g、黑胡椒粒 3g

作法 全部材料放入容器中拌勻，放入冰箱冷藏，即成。

主廚 Tips　盡量將所有食材切成一樣大小會比較好食用。醬料盡量冷藏 2 小時以上，隔夜更好，讓所有食材都能入味，風味更佳。

墨西哥 甜椒乳酪醬

應用變化
適用於生菜類、麵包餅乾、紅肉海鮮類與白肉類等食材

👤 200g ／ 🕐 15分鐘
🍱 密封冷藏 3～5 天

甜椒乳酪醬風味香濃口感柔滑，令人一口接一口，欲罷不能。

材料　紅甜椒 1/2 顆、奶油乳酪 60g、洋蔥末 20g、蒜末 10g、檸檬汁 15g、鹽 5g、橄欖油 20g

作法
1 紅甜椒洗淨，放入烤箱烤透（220 度，約 8～10 分鐘）、放涼，去皮、切丁，備用。
2 全部材料放入容器中拌勻，即成。

主廚Tips　甜椒無論紅、黃、綠皆可替代或混用，呈現不同色澤與風味，但是必須烤透，以呈現柔軟口感與香甜風味。

墨西哥 涼拌烤雞辣醬

應用變化
適用於生菜類、麵包餅乾類、白肉海鮮類與白肉類等食材

👤 240g ／ 🕐 10分鐘
🍱 密封冷藏 3～5 天

酸香辛辣搭上油漬小洋蔥及香菜的香氣，口感豐富多元。

材料　香菜末 60g、去皮蕃茄小丁 8 顆、迷你油漬小洋蔥末 2 個、蒜末 2 顆、去籽辣椒末 2 支、檸檬汁 2 顆、黑胡椒 4g、鹽 2g

作法　全部材料放入容器中拌勻，即成。

主廚Tips　迷你油漬小洋蔥的味道有別於一般的新鮮洋蔥，味道有點酸甜，口感較軟嫩，一般進口超市都能夠購買得到。

德式 蒜泥優格醬

應用變化
適用於蔬果、醃製肉品、生菜與白肉類等食材

👤 160g ／ 🕐 10分鐘
🍱 密封冷藏 3～5 天

蒜泥的辛辣配上優格的清甜，加入美乃滋的滑順，口感再升級。

材料　蒜泥 15g、無糖優格 45g、無糖美乃滋 100g

作法　全部材料放入容器中拌勻，即成。

主廚Tips　無糖美乃滋又稱「美玉白汁」，通常在進口超市或是進口雜貨店才買得到。

德式 蕃茄優格醬

蕃茄的酸香與優格的清甜,帶有美乃滋的滑順口感,非常清爽。

應用變化 適用於蔬果類、醃製肉品類、生菜類與白肉類等食材

材料 無糖美乃滋 200g、無糖優格 100g、去籽紅蕃茄碎丁 1 顆

作法 全部材料放入容器中拌勻,即成。

360g / 10 分鐘
密封冷藏 3 ～ 5 天

主廚Tips 無糖美乃滋又稱「美玉白汁」,通常在進口超市或是進口雜貨店才買得到。

德式 酸奶醬

酸奶的特殊滋味,搭配蒔蘿的獨特香氣,異國風味十足。

應用變化 適用於蔬果類、醃製肉品類、生菜類、白肉類及根莖類等食材

材料 蒔蘿末 10g、蔥白絲 2 根、蒜末 10g、去籽辣椒末 1 條、酸奶 100g、橄欖油 30CC、檸檬汁 5CC、鹽 1g、胡椒 1g

作法 全部材料放入容器中拌勻,即成。

160g / 15 分鐘
密封冷藏 5 天

主廚Tips 全部材料洗淨後,需瀝乾或擦乾水分,以免食材中殘留的水稀釋了醬汁的味道,也容易造成變質,導致腐敗。

西班牙 鯷魚紅醋醬

鯷魚的鹹香,佐以百里香的香氣與酸甜的紅肉李醋,是成熟風的醬料。

應用變化 適用於蔬果、醃製肉品、生菜、紅肉與白肉類等食材

材料 鯷魚泥 6 條、洋蔥末 1 顆、百里香末 3g、陳年醋 20CC、紅肉李醋 20CC

作法
1 取一平底鍋倒入油預熱,放入洋蔥末用小火炒至焦糖色,撒入百里香末拌勻。
2 加入鯷魚泥、陳年醋、紅肉李醋,拌炒至醬汁收濃,關火,放涼,即成。

140g / 15 分鐘
密封冷藏 3 ～ 5 天

主廚Tips 鯷魚一定要切碎後再壓成泥喔,不然鯷魚的香味無法融入至醬汁。

西班牙辣醬

西班牙

應用
變化 | 適用於根莖蔬菜類、生菜類、紅肉類與白肉類等食材

👤 80g / ⏱ 10 分鐘
🧂 密封冷藏 3 ～ 5 天

Tabasco 的酸辣與綜合香料的搭配,是喜歡辣的您,不二的選擇。

材料 | 醬油 45CC、辣霸(TABASCO)4 滴、義式綜合香料 5g、蔥末 15g、蒜末 5g、辣椒粉 5g

作法 | 全部材料放入容器中拌勻,即成。

主廚Tips | TABASCO 帶有微酸帶辣的風味,可以依自己的喜好調整。

薑黃優格醬

西班牙

應用
變化 | 適用於蔬果類、海鮮類、生菜類、紅肉類與白肉類等食材

👤 170g / ⏱ 5 分鐘
🧂 密封冷藏 3 ～ 5 天

薑黃特殊的苦辛味,搭配清甜的優格與蜂蜜,達到完美平衡。

材料 | 薑黃粉 15g、無糖美乃滋 50g、原味優格 100g、蜂蜜 5CC、鹽 1g、白胡椒 1g

作法 | 全部材料放入容器中拌勻,即成。

主廚Tips | 孕婦切勿食用薑黃。
蜂蜜的甜味輕重,可依自己喜好稍做調整。

羅勒起司醬

西班牙

應用
變化 | 適用於蔬果、海鮮、生菜、根莖植物與白肉類等食材

👤 230g / ⏱ 15 分鐘
🧂 密封冷藏 3 ～ 5 天

羅勒葉的香氣與蒜頭、起司粉的鹹辛辣,加上微酸滋味,完美口感。

材料 | 羅勒葉 2 大把、大蒜 3 瓣、橄欖油 120CC、海鹽 2g、黑胡椒 2g、帕馬森起司粉 60g、檸檬汁 1/4 顆

作法
1 羅勒葉洗淨,擦乾水分,與大蒜、海鹽、黑胡椒放進食物調理機攪打成碎末。
2 加入橄欖油,繼續攪打成淺綠色(質地略為濃稠,可緩慢流動的程度)。
3 加入檸檬汁、帕瑪森起司粉攪打均勻,盛入容器中,即成。

主廚Tips | 加入檸檬汁可以防止羅勒氧化變黑。
橄欖油的量要夠,才可以融合羅勒的生澀味。

西班牙 羅美絲蔻醬

應用變化：適用於各種碳烤肉類、蔬菜類等食材

- 250g ／ 10 分鐘
- 密封冷藏 3 ～ 5 天

羅美絲蔻醬帶有果香、蒜香、微微酸辣，非常獨殊的風味。

材料：紅甜椒半顆、蕃茄半顆、蒜頭 2 瓣、烤法國麵包丁、烤杏仁 15g、橄欖油 20g、白酒醋 15g、鹽 5g、乾辣椒末 5g

作法：
1 紅甜椒、蕃茄分別洗淨、烤透、去皮，備用。
2 全部材料放入果汁機中，攪打成泥狀，盛入容器中，即成。

主廚 Tips 這是一道抗氧化，充滿夏天朝氣的醬汁！醬汁本身風味獨特且層次豐富，在調味部分可依個人喜好略做調整。

西班牙 花椰綠醬

應用變化：適用於蔬果、海鮮、生菜、根莖植物與白肉類等食材

- 200g ／ 10 分鐘
- 密封冷藏 5 天

花椰菜的清甜味用鹽巴與胡椒提升淡淡的鹹辛辣味，口感更佳。

材料：花椰菜 200g、鹽 1g、黑胡椒粒 1g

作法：
1 花椰菜洗淨，切小朵，燙熟，放涼，備用。
2 花椰菜放入果汁機，撒入鹽、黑胡椒粒，攪打成泥，即成。

主廚 Tips 汆燙花椰菜要留意時間，過熟的話容易變黃，會影響醬汁色澤，口感及味道都會變差喔。

西班牙 油漬布里醬

應用變化：適用於蔬果類、醃製肉品類、海鮮類與白肉類等食材

- 75g ／ 15 分鐘
- 密封冷藏 3 ～ 5 天

醃漬果實的獨特風味，搭配香草香氣與檸檬的酸，美味又百搭。

材料：酸豆泥 6 顆、黑橄欖片 4 顆、新鮮巴西里末 30g、蒜泥 3 瓣、黃檸檬皮少許、黃檸檬汁 1 顆、鹽 1g、初榨橄欖油 5CC、黑胡椒 1g

作法：全部材料放入容器中拌勻，即成。

主廚 Tips 刨黃檸檬皮的時候，輕輕刨下表皮就好，不要刨到白色部分，會有苦澀味。此道加入橄欖油可以平衡酸澀口感。

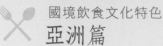

PART

1

亞洲涼拌常備菜

中式
料理

CHINESE　　　　　CUISINE

中國地域遼闊,地理環境多樣,氣候條件豐富,動植物品
項繁多,使得食物來源異常廣博。中國人主食五穀,副食
蔬菜,外加少量的肉食,而除了米食之外,各種麵食,如
饅頭、麵條、油條以及各種粥類、餅類和變化萬千的小吃,
使得餐桌豐富多彩。

中國菜餚對於烹調方法極為講究,常見的方法有:煮、蒸、
燒、燉、烤、烹、煎、炒、炸、燴、爆、溜、滷、扒、酥、
燜、拌等。淵遠流長的烹調技術經過歷代演變,形成豐富
多彩的地方菜系。

台式料理
TAIWAN 　 CUISINE

台灣是海島型國家，副熱帶氣候，農、漁業發達，因早期為農耕社會，而以米食文化為主，加以歷史變遷，各族群先後來到台灣，民族融合的結果，也造就了豐富精采的飲食文化，如擅長水煮、燻烤、醃漬的原住民料理；口味清淡不膩、喜愛湯菜、重視刀工火侯的閩南菜色；多油多鹽、重口味菜色較多、製作各式醃漬品的客家菜系等等。

而國民政府來台後，帶來了中國八大菜系，隨著時間演變，已然與台菜融合，成為了台灣別具風味的飲食文化。

南洋料理
NANYANG 　 CUISINE

「南洋」泛指「東南亞國家」，包含：越南、柬埔寨、緬甸、泰國、寮國、新加坡、馬來西亞、菲律賓、印尼、菲律賓、汶萊、東帝汶。因氣候炎熱，居民仰賴風味強烈的辛香料來保存食材、調理食物，以促進食慾。

常用的香料有：胡椒、香茅、檸檬葉、辣椒、羅望子、蒜頭、咖哩、椰奶等。食物口味偏酸、辣、甜，具強烈的地域風格。南洋料理不僅強調嗅覺和味覺的刺激，在色彩上更喜愛五彩斑斕的配色、很有南島風情。

日本料理
JAPANESE 　 CUISINE

日本為島嶼地形，四周臨海，四季分明，雨水充足，因此農、漁、畜牧業十分發達，而發展了獨特的飲食文化，如：生魚片、壽司、蕎麥麵、蛋包飯、清酒、味噌、燒肉等等。明治維新時期，日本天皇推廣西方事務，也因此結合了歐洲飲食元素，如：法國的炸豬排、英國的咖哩，而成就了獨特的「和洋料理」。

在食物風味上也深受歐洲國家影響，重視食物原味、清爽、偏好甜味，隨著時間演進，慢慢成就了如今獨樹一幟的和食文化。

韓國料理
KOREA 　 CUISINE

韓國地處東北亞，四季分明。早期社會以農耕為主，因此主食為米飯，發展了石鍋拌飯、泡菜炒飯、紫菜包飯等等，並延伸出釀酒文化及其他米製品，如年糕、大醬、辣醬。因地理位置的影響，冬天嚴寒，蔬菜匱乏，於是在夏秋之季，農作物盛產時，醃漬蔬菜以延長保存期限。

韓國料理將陰陽五行融入菜餚，五色：白、綠、黑、黃、紅，代表了五味：酸、甜、苦、辣、鹹，因此發展了各式小菜，而使韓國料理呈現繽紛的色彩與風味。

常備菜

001
廣式泡菜 素

製作分量 3 人份

製作時間 15 分鐘

保存方式 密封冷藏 2～3 週

酸甜爽脆，一口接一口，停不下來的好滋味

材料 //

紅、白蘿蔔 各80g
小黃瓜 . . . . 1/2 條

調味料 //

鹽 5g
糖醋醃汁 120g

糖醋醃汁 //

糖 60g
鹽 3g
糯米醋 60g
話梅 . . . . 1 顆

作法 //

1. 紅蘿蔔、白蘿蔔分別洗淨，去皮，切丁（約 1～1.5 公分）；小黃瓜洗淨、切丁，備用。

2. 紅蘿蔔丁、白蘿蔔丁、小黃瓜丁、鹽放入容器拌勻，放置約 10 分鐘，再以飲用水沖淨、略壓擠乾。

3. 加入糖醋醃汁的材料拌勻，醃漬 2 個小時以上至入味，即可食用。

主廚Tips

蔬菜丁在醃漬時，建議每隔一段時間翻動一下，讓蔬菜丁均勻醃漬入味。

002 川辣黃瓜

製作分量	4 人份
製作時間	15 分鐘
保存方式	密封冷藏 5 天

炎夏首選的開胃菜，清香的滋味，麻辣又爽口

材料 //

小黃瓜⋯⋯⋯⋯2 條

調味料 //

鹽⋯⋯⋯⋯⋯⋯4g
川辣黃瓜醬⋯⋯⋯85g

川辣黃瓜醬材料 //（作法詳見 P.22）

紅辣椒圈 20g、蒜末 10g、花椒粒
2g、糖 15g、鹽 2g、
胡麻辣油 20CC、烏
醋 15CC、豆瓣醬 2g

作法 //

1. 小黃瓜洗淨、去除頭尾端及嫩芯，切段，放入容器，加入鹽拌勻，醃 10 分鐘，再以飲用水沖淨、略壓擠乾。

2. 小黃瓜、川辣黃瓜醬放入容器中，醃漬 2 ～ 3 小時，即可食用。

主廚 Tips

市售的豆瓣醬製作成分及釀造法皆不同，所以鹹度會有所差異，因此製作此道的調味可斟酌個人口味調整用量。

脆韌爽口的滋味，富含膠質，熱量低又健康

_003_
涼拌海蜇絲

製作分量		4 人份
製作時間		30 分鐘
保存方式		密封冷藏 5 天

材料 //

海蜇皮 300g
薑絲 20g
小黃瓜絲 80g
紅辣椒絲 . . . . . . 1 根
白芝麻 . . . . 少許

調味料 //

檸檬醋醬 70g

檸檬醋醬材料 // (作法詳見 P.22)
蒜末 3 瓣、鹽 5g、糖 5g、檸檬醋 45CC、香油 5CC

作法 //

1. 海蜇皮先用清水浸泡 1～2 天，當中要換 2～3 次清水（去除鹹味），然後再用清水沖洗乾淨，擠乾水分、切絲。

2. 準備一鍋約 80 度的熱水，放入海蜇絲，立刻撈出、瀝乾水分，備用。

3. 海蜇絲、薑絲、小黃瓜絲、紅辣椒絲、檸檬醋醬放入容器中拌勻，盛入盤中，撒上白芝麻，即可食用。

主廚 Tips

1. 海蜇皮是經過鹽漬、脫水、風乾等處理加工製成的，富含膠質，可長時間保存，但汆燙的水溫不可太高，以免口感變差。

2. 此外，醬汁裡的檸檬醋是關鍵，要選用真正的檸檬果醋，才會有清香味，而且也可添加白蘿蔔絲變化口味，增加纖維攝取，幫助消化。

常備菜

004
涼拌怪味雞

製作分量		3 人份
製作時間		20 分鐘
保存方式		密封冷藏 3 天

材料 //

雞肉	500g
小黃瓜	1/2 條
薑片	15g
蔥段	15g

調味料 //

米酒	10g
鹽	10g
怪味雞醬	80g

怪味雞醬材料 // (作法詳見 P.22)

醬油 40g、醋 15g、麻醬 15g、香油 10g、辣油 10g、白糖 15g、
花椒粉 0.5g、蔥花 10g、辣椒末 10g、芝麻 5g

作法 //

1. 小黃瓜洗淨,切絲、放入冰水中冰鎮(可維持口感脆度),備用。

2. 準備一鍋熱水加入薑片、蔥段、鹽、米酒(去除腥味),以大火煮至約 80 度,熄火,放入雞肉燜煮約 10 分鐘至熟,撈起、放涼,切片,備用。

3. 雞肉片,小黃瓜絲放入盤中,淋上怪味雞醬拌勻,即可食用。

主廚Tips

雞肉若是直接放入滾沸的水烹調會導致
雞肉過熟,建議以 80 度的溫熱水燜煮至
熟,口感鮮嫩多汁又好吃。

道地的川菜，七味融合的層次，香而不膩

常備菜

005

麻香牛腱

製作分量	4～6 人份
製作時間	10 分鐘
保存方式	密封冷藏 5 天

材料 //

滷牛腱 . . . . 1 條
三星蔥 . . . . 1 支
香菜 50g
辣椒末 5g

調味料 //

麻香醬 80g

麻香醬材料 //（作法詳見 P.23）

陳年醋 150CC、醬油 10CC、胡麻辣油 15CC、鹽 15g、
糖 80g、花椒粒適量

作法 //

① 滷牛腱切薄片；三星蔥、香菜分別洗淨、切末，備用。

② 將三星蔥末、香菜末、辣椒末放入容器中，加入麻香醬拌勻。

③ 牛腱片薄片放入盤中，搭配作法 2 的麻香醬，即可食用。

主廚Tips

花椒為四川菜中最常見的調味料，常用於配制滷汁、
醃製食品或燉製肉類，有去膻提味的作用。此道料理
可以選擇更有麻香味的大紅袍花椒粒。

滷牛腱新口味，麻香的醬料組合，一吃就上癮

涼拌菜

006

白菜肉絲

製作分量　👤　3 人份

製作時間　🕐　20 分鐘

保存方式　🍽　當餐食用完畢

材料 //

大白菜...............80g
肉絲...............150g

醃料 //

醬油...............20g
米酒...............10g
糖...............10g
鹽...............5g
太白粉...............15g
沙拉油...............少許

調味料 //

醋醬...............80g

醋醬材料 //（作法詳見 P.23）

白醋 50g、醬油 30g、糖 30g、
蒜碎 15g、香菜末 15g

作法 //

① 大白菜洗淨、切絲，放入冰水中冰鎮約 5 分鐘，瀝乾水分，備用。

② 將肉絲放入容器，加入全部的醃料拌勻，放置約 15 分鐘入味。

③ 取一炒鍋倒入油預熱至 180 度，放入肉絲過油至熟，撈起，備用。

④ 將大白菜絲平鋪在盤中，放入炒好的肉絲，淋上醋醬拌勻，即可食用。

主廚 Tips

此道特色是白菜冰涼清脆、肉絲溫熱香鹹，搭
配醬料酸香美味，因此要掌握好時間，以免白
菜溫熱、肉絲冷涼就無法呈現美味的口感哦！

入口順滑、爽脆多汁，拌飯拌麵皆美味

常備菜

007
五香牛肚

製作分量　👤　6 人份

製作時間　🕐　3 小時

保存方式　🛎　密封冷藏 5 天

材料 //

牛肚	500g
麵粉	5g
蔥段	10g
薑片	10g

調味料 //

鹽、香油	各5g
醬油	10CC

滷汁材料 //

水	2000CC
八角、桂皮、大蔥、薑、鹽、香油	各 5g
醬油、料理米酒	各 10CC

作法 //

1. 牛肚洗淨、刮去肥油，撒上麵粉，兩面搓揉、擦透，再用清水洗淨

2. 將牛肚放入滾水中汆燙至收縮（內壁會呈現一塊白膜），撈出，刮除內壁的白膜，並清洗乾淨，切大塊狀。

3. 取一湯鍋，放入牛肚片及滷汁材料，轉大火煮滾，撈除表面浮沫，轉小火煮約 2 小時，熄火，放涼。

4. 將牛肚取出，切成條狀，加入鹽、醬油和香油拌勻，裝盤，即可食用。

主廚 Tips

1. 取用麵粉清洗牛肚，可清除表層的污穢及異味效果非常好，如果家裡沒有麵粉，可用沙拉油取代。

2. 滷牛肚若是切太厚口感會太韌，盡量切薄片，口感會比較好吃哦！

軟中帶Q，越嚼越香，濃濃的幸福味

淡酒香、鮮甜Q彈醉美味　越吃越順口

008

紹興醉蝦

製作分量		3 人份
製作時間		30 分鐘
保存方式		密封冷藏 1 週

材料 //

蝦子	300g
薑片	15g
蔥段	15g

調味料 //

米酒	10g
鹽	10g
酒醬汁	500g

酒醬汁材料 //（作法詳見 P.25）

水 500g、當歸 15g、枸杞 5g、川芎 10g、黃耆 10g、紅棗 20g、紹興酒 150g、米酒 50g、鹽 15g、冰糖 20g

作法 //

1　蝦子洗淨、用牙籤除腸泥、取剪刀剪除尖刺及觸鬚，備用。

2　準備一鍋熱水，放入薑片、蔥段、米酒、鹽煮至約 80 度，放入蝦子燜熟，取出、放涼，備用。

3　將蝦子、酒醬料放入容器中，密封冷藏 1 天，取出盛盤，即可食用。

主廚 Tips　蝦子的背部有一條黑色的腸泥（即是消化道），建議將腸泥剔除乾淨，以免影響食用的口感。成品可冷凍以延長保存期限。

完美的醬汁比例，輕鬆滿足饕客的胃

009
川味拉皮

製作分量	3 人份
製作時間	20 分鐘
保存方式	密封冷藏 3 天

材料 //

雞胸肉	100g
小黃瓜	60g
綠豆粉皮	100g
蔥段	10g
薑片	10g
香菜	10g

調味料 //

| 鹽 | 5g |
| 川香麻醬 | 60g |

川香麻醬材料 //（作法詳見 P.23）

香油 30g、白芝麻醬 30g、白醋 20g、
細砂糖 40g、醬油 20g、冷開水 60g、
花椒粉 1g、蒜末 10g

作法 //

1 小黃瓜洗淨、切絲，放入冰水中冰鎮約 5 分鐘；綠豆粉皮切成條狀；香菜洗淨，切末，備用。

2 取一湯鍋，放入蔥段、薑片、水、鹽（去除腥味）煮滾，放入雞胸肉燙至熟、放入冰水中冰鎮約 5 分鐘、瀝乾，剝成雞絲，備用。

3 將綠豆粉皮、雞絲、小黃瓜絲放入盤中，淋上川香麻醬，撒上香菜末，即可食用。

主廚 Tips

雞胸肉剝絲之後，建議覆蓋一層保鮮膜保持新鮮度，以免長時間接觸空氣變乾燥，而影響口感與風味。

常備菜

010
宜蘭涼拌鴨賞

製作分量　👤　2 人份

製作時間　🕐　10 分鐘

保存方式　🍽　密封冷藏 3 天

材料 //

宜蘭鴨賞............300g
青蒜............2 支

調味料 //

香油............30CC
陳年醋............30CC
砂糖............20g
米酒............20CC
辣椒末............適量

作法 //

① 鴨賞放入盤子中，移入蒸鍋煮約 1 分鐘後，取出，放涼，切薄片，備用。

② 青蒜洗淨，斜切成薄片；全部的調味料放入容器中拌勻，備用。

③ 鴨賞、青蒜放入盤中，淋入混合好的調味料拌勻，即可食用。

主廚Tips

1. 醬料的酸甜度可依個人喜好調整。不吃辣味的人可去掉辣椒籽，降低辣度。

2. 鴨賞打開包裝即可食用，但稍微加熱後，煙燻香氣更濃。使用微波爐加熱 1 分鐘亦可，但不宜加熱太久，以免肉質變硬。

五星私廚將鴨賞微加熱，更融合佐料的層次

常備菜

<u>011</u>
香蒜干絲

製作分量 3 人份

製作時間 🕐 15 分鐘

保存方式 🍽 密封冷藏 3 天

材料 //

豆干絲. 150g
芹菜絲. 50g
紅蘿蔔絲. 30g
蔥絲. 20g

調味料 //

香蒜辣醬. 60g

香蒜辣醬材料 //（作法詳見 P.24）
醬油膏 80g、砂糖 30g、蒜末 15g、辣椒末 15g、香油 10g

作法 //

1 準備一鍋滾水，分別放入芹菜絲、紅蘿蔔絲汆燙至熟，撈起，放入冰水中冰鎮約 2 分鐘，備用。

2 再放入豆干絲汆燙、撈起、瀝乾水分，備用。

3 全部的材料、香蒜辣醬放至容器中拌勻，盛盤，即可食用。

主廚 Tips

建議先放入蔬菜絲汆燙，再放入豆干絲，因為豆干絲在製作過程可能加入鹼提升口感，所以用滾水汆燙可去除鹼的味道。此外，食材汆燙撈起時，水分要完全瀝乾淨，再加入醬料製作，以免拌勻後容易出水。

創意的香蒜辣醬，
保證吃得開心又滿足

常備菜

012

梅醋苦瓜小魚乾

製作分量	👤	3 人份
製作時間	🕐	30 分鐘
保存方式	🍲	密封冷藏 1 週

材料 //

| 苦瓜 | 300g |
| 小魚乾 | 30g |

調味料 //

鹽	5g
糖	10g
水	10g
梅醋汁	80g

梅醋汁材料 //（作法詳見 P.24）

白醋 100g、二砂糖 100g、話梅 10g

作法 //

1. 苦瓜洗淨、去籽、去內膜、切薄片；小魚乾洗淨、瀝乾水分，備用。

2. 苦瓜片、鹽放入容器拌勻，醃約 20 分鐘，清水沖淨、略擠乾水分，加入梅醋汁拌勻，放置 1 小時以上至入味，備用。

3. 準備一個油鍋倒入沙拉油 150g 預熱，放入小魚乾炸至酥脆，撈起。

4. 取一炒鍋放入油 10g 加熱，放入糖、水煮至略稠，加入小魚乾拌勻，盛入盤中，加入苦瓜片拌勻，即可食用。

主廚 Tips

建議此道要端上桌食用時，再加入小魚乾與梅醋苦瓜略拌，才能完美呈現苦瓜酸、甜、甘及小魚乾酥脆層次的口感。

大廚傳授必學一技，呈現酸甜甘香好滋味

常備菜

013
醬漬蕪菁

 素

製作分量	👤	4 人份
製作時間	🕐	20 分鐘
保存方式	🍲	密封冷藏 7 天

材料 //

蕪菁............... 500g
鹽................. 2g

調味料 //

蕪菁醬........... 100g

蕪菁醬材料 // (作法詳見 P.24)
蒜末 20g、辣豆瓣醬 30g、二砂糖（或細砂）40g、
醬油 5g、麻油 10g

作法 //

① 蕪菁洗淨，切除外皮粗硬的纖維，再切成約 0.3cm 厚片，備用。

② 蕪菁片、鹽放入容器中拌勻，將蕪菁移入大的濾網，上方取重物壓住，放置 2～3 小時，可讓蕪菁自然出水。

③ 取出蕪菁片，以飲用水洗淨、略壓擠乾，放入容器中，加入蕪菁醬拌勻，移入冰箱密封冷藏 15 分鐘以上至入味，即可食用。

主廚Tips

1. 不喜歡吃辣的話，可用不辣的豆瓣醬取代。
2. 蕪菁又稱為大頭菜，除了適合作為醃漬小菜外，
   也適合搭配肉絲一起拌炒，簡單又美味。

神奇一技，辣豆瓣醬中和根莖類蔬菜的生味

常備菜

014
百香南瓜

素

製作分量		3 人份
製作時間		20 分鐘
保存方式		密封冷藏 2 週

材料 //

南瓜...............300g

調味料 //

鹽....................5g
百香果醬...........80g

百香果醬材料 //（作法詳見 P.25）
百香果 200g、檸檬汁 50g、細砂糖 50g

作法 //

① 南瓜洗淨、去皮、去內膜及籽、切薄片，備用。

② 南瓜片、鹽放入容器拌勻，靜置約 10 分鐘（濾去澀汁），再以飲用水洗淨、略壓擠乾，放入容器中。

③ 放入百香果醬拌勻，醃製 20 分鐘以上待其入味，即可食用。

主廚 Tips

南瓜去除澀汁後用水沖洗、擠乾，再醃漬，這個動作能讓南瓜口感更加清脆。

微酸微甜的口感，完美呈現清爽開胃的好味道

常備菜

<u>015</u>
黃金泡菜

 製作分量 　8 人份

 製作時間 　3 小時

 保存方式 　密封冷藏 7 ～ 10 天

材料 //

大白菜 . . . . 1 顆

調味料 //

鹽 . . . . 適量
黃金泡菜醬 360g

黃金泡菜醬材料 // (作法詳見 P.25)

涼開水 100CC、去皮紅蘿蔔丁 1/3 條、蒜末 15g、
豆腐乳 4 ～ 5 塊、去皮蘋果 1/2 顆、韓式辣椒醬 30g、
糖 45g、陳年醋 30CC、胡麻辣油 15CC

作法 //

1 大白菜先切成 4 等分,每片葉子均勻抹上鹽 (靠近根部的地方要多抹一點),放入容器中。

2 取一個乾淨的重物壓在白菜上方,靜置約 1 ～ 2 小時,讓白菜出水,再用飲用水沖淨、略擠乾、切小塊,備用。

3 大白菜、黃金泡菜醬放入容器中充分拌勻後,裝入保鮮盒 (或是玻璃密封罐),醃漬 20 分鐘使其入味,即可取出食用。

主廚Tips

1. 將鹽漬好的白菜用飲用水沖洗乾淨,將鹽分充分洗掉,避免做出來的泡菜太鹹。

2. 此道如果是在冬天製作,建議放置於室溫下 1 天,再移進冰箱冷藏;如果是夏天製作完成後,就直接放進冰箱冷藏,可隨時取用。

學到賺到！用豆腐乳佐
清甜蘋果的黃金比例配方

常備菜

016

紹興醉雞

製作分量		3 人份
製作時間		40 分鐘
保存方式		密封冷藏 1 週

材料 //

去骨雞腿..........2 支
薑片、蔥段........各15g
水 ....適量

調味料 //

米酒、鹽..........各10g
酒醬汁............500g

酒醬汁材料 //（作法詳見 P.25）

水 500g、當歸 15g、枸杞 5g、川芎 10g、黃耆 10g、
紅棗 20g、紹興酒 150g、米酒 50g、鹽 15g、冰糖 20g

作法 //

1. 去骨雞腿洗淨、擦乾水分，放入容器，加入米酒、鹽略醃 20 分鐘，以錫箔紙捲起來（雞皮向下）。

2. 取一個湯鍋加入水，放入薑片、蔥段，以中大火煮至 80 度，加入雞腿捲，以低溫烹調燜煮至熟，取出、放涼，撕掉鋁箔紙。

3. 雞腿捲、酒醬料放入容器中，移入冰箱冷藏半天，取出切片、盛盤，淋上適量酒醬汁，即可食用。

主廚 Tips

可使用肉雞腿、土雞腿或仿雞腿，但料理時間可依品種及重量的差別略微調整煮食時間，例如 250g左右燜煮約 18 分鐘，每增加 50g 增加約 2～3 分鐘。

CP值高！低溫烹調的鮮嫩肉質添加完美比例的酒醬汁

常備菜

017
五味軟絲

製作分量	4 人份
製作時間	20 分鐘
保存方式	密封冷藏 3 天

材料 //

軟絲.............. 1 條

調味料 //

米酒.............. 適量
鹽.............. 適量
五味醬.............. 140g

五味醬材料 //（作法詳見 P.26）

薑泥 5g、蒜末 10g、去籽辣椒末 5g、蔥花 5g、香菜末 5g、
醬油膏 45CC、蕃茄醬 45CC、陳年醋 15CC、砂糖 5g

作法 //

1　軟絲拔開頭足部、去除內臟及軟骨、洗淨，備用。

2　準備一鍋熱水，加入米酒、鹽調味，放入軟絲汆燙至熟（約 1 分鐘），取出、
　瀝乾水分，放入冰水中冰鎮 2 分鐘，取出，瀝乾水分。

3　軟絲切成約 0.5～0.7 公分寬的圈狀放入盤中，淋入五味醬，即可食用。

主廚 Tips

1. 軟絲汆燙建議水溫維持在 85 度，以免肉質變硬，口
感較差。
2. 五味醬的薑泥、蕃茄醬、陳年醋，可依個人喜好調整
用量，還有不吃香菜者可改成蒜苗碎。

重現總舖師的五味醬配方，賞味軟絲的鮮甜美

常備菜

<u>018</u>
蒜蓉白肉

製作分量		3 人份
製作時間		20 分鐘
保存方式		密封冷藏 3 天

材料 //

五花肉	200g
薑片	15g
蔥段	15g

調味料 //

鹽	10g
米酒	10g
蒜蓉醬	80g

蒜蓉醬材料 //（作法詳見 P.26）
醬油膏 60g、蠔油 30g、砂糖 30g、水 60g、
太白粉 5g、蒜末 20g

作法 //

1. 準備一鍋熱水，加入薑片、蔥段、鹽、米酒（去除腥味），以大火煮至約 80 度，放入五花肉燜煮至熟，取出、放涼，備用。

2. 五花肉切片、盛盤，搭配蒜蓉醬，即可食用。

主廚Tips

五花肉片溫熱或冰涼食用有不同的滋味與口感，但是如果想要冰涼食用的話，烹煮後要立即冰鎮，避免油脂凝固而影響口感。

濃郁的蒜香、Q彈香甜，讚不絕口的美味

涼拌菜

019
麻油香拌雞胗

製作分量 3 人份

製作時間 20 分鐘

保存方式 密封冷藏 3 天

材料 //

雞胗 150g
蔥段、薑片 各10g
蔥花、薑絲 各10g
辣椒片 5g
香菜末、蒜末 各10g

調味料 //

鹽 5g
米酒、細砂糖 各10g
醬油 25g
麻油 20g

作法 //

1. 準備一鍋熱水,加入蔥段、薑片、鹽、米酒(去除腥味)煮滾,放入洗淨的雞胗汆燙至熟,取出,放入冰水中冰鎮約 1 分鐘、瀝乾水分、切片,備用。

2. 雞胗片、醬油、細砂糖、麻油放入容器中拌勻,再加入薑絲、辣椒片、香菜末、蒜末、蔥花拌勻,即可食用。

主廚 Tips

雞胗結締組織較多,燙煮時應注意時間掌控,不要過度烹調,以維持良好口感。

口感彈牙的雞胗，
冰箱必備的簡單家常味

常備菜

020
泰式青木瓜

製作分量 3 人份

製作時間 20 分鐘

保存方式 密封冷藏 1 週

材料 //

青木瓜	300g
小蕃茄	30g
蝦米	10g
花生碎	10g

調味料 //

檸檬魚露醬	100g

檸檬魚露醬材料 //（作法詳見 P.26）
檸檬汁 50g、魚露 50g、細砂糖 30g

作法 //

1 青木瓜洗淨、去皮去籽、切絲；小蕃茄洗淨、切半；蝦米洗淨泡軟、瀝乾，備用。

2 準備一炒鍋轉小火，放入蝦米炒出香味，盛入容器中放涼，備用。

3 青木瓜絲、小蕃茄、蝦米及檸檬魚露醬放入容器內拌勻，醃漬 15 分鐘以上入味，盛入盤中，撒上花生碎，即可享用。

主廚 Tips

蝦米建議放入 20 倍的水量浸泡約 10 分鐘，以確保食用的衛生安全。青木瓜涼拌，口感清脆，冰涼後食用，口感會更加提升。

脆口帶勁好開胃，老少咸宜「泰」享受

常備菜

021

沙嗲醬牛肉

製作分量　👤　4 人份

製作時間　🕐　15 分鐘

保存方式　🍲　密封冷藏 3 天

材料 //

牛肉火鍋片	400g
沙拉油	10CC
青蔥	1 支
薑片	10g

調味料 //

鹽	適量
沙嗲醬	100g

沙嗲醬材料 //（作法詳見 P.27）

叻沙醬 50 g、熟花生碎 90 g、椰奶 150CC、冷開水 50CC、
油蔥酥 10g、蒜酥 10g、紅砂糖 75g、金桔 1 顆

作法 //

1. 準備一鍋熱水，加入沙拉油、鹽、青蔥、薑片，放入牛肉火鍋片汆燙至七分熟，撈出。

2. 放入冰水中冰鎮約 1 分鐘，瀝乾水分，盛入盤中。

3. 牛肉火鍋片放入容器，加入沙嗲醬拌勻，即可食用。

主廚 Tips

沙嗲醬含有馥郁椰香與花生味，適合做烤肉串、雞翅或沾醬，但含有花生成分，若是花生過敏的人不要食用喔！

老少咸宜！
南洋道地的超人氣美食

常備菜

_022_
醬辣中卷

製作分量	4 人份
製作時間	20 分鐘
保存方式	密封冷藏 3 天

材料 //

新鮮中卷	200g
韓式燒酒	少許

沾醬 //

參巴醬	50CC
青蔥	1 支
白芝麻	少許
椰漿	50CC
魚露	5CC
糖	30g
涼開水	適量

作法 //

① 中卷去除內外膜、內臟洗淨，放至冰箱冷藏 10 分鐘，備用。

② 全部的沾醬材料放入容器中拌勻，備用。

③ 取出中卷擦乾水分，切成細條狀，擺入盤中，表面塗抹少許的韓式燒酒，搭配沾醬，即可食用。

主廚 Tips

1. 不吃生食的人也可以將中卷燙熟後，拌入醬料食用。此道可把醬料與食材混合拌勻，放入容器中密封冷藏一天再享用。
2. 韓式燒酒也可改用日式清酒，塗抹在中卷的表面會產生淡淡的甜味。

微辣帶點鹹香的滋味，好吃又開胃的涼拌菜

常備菜

_023_
蘋果參巴辣蝦

製作分量　👤　3 人份
製作時間　🕐　20 分鐘
保存方式　🍽　密封冷藏 3 天

材料 //

蘋果丁 100g
蝦子 300g
沙拉油 10g
小黃瓜 30g

調味料 //

米酒 10g
參巴醬 85g

參巴醬材料 //（作法詳見 P.27）

羅望子 20g、熱水 120g、乾辣椒 3 ～ 5g、小魚乾 20g、蒜頭 15g、
辣椒 10g、蝦米 10g、紅蔥頭碎 10g、鹽 5g、椰漿 30g、砂糖 15g

作法 //

1 蘋果丁以鹽水冰鎮約 3 分鐘，瀝乾水分；蝦子剝除外殼，去除腸泥；小黃瓜洗淨，切塊，備用。

2 備一平底鍋加入沙拉油預熱，放入蝦子煎熟，加入米酒、參巴醬拌勻，關火，放涼，備用。

3 待蝦子稍涼後，拌入蘋果丁、小黃瓜，盛入盤中，即可食用。

主廚 Tips

蘋果容易氧化與出水，料理前要先浸泡鹽水防止氧化，並要確實瀝乾水分再涼拌。

饕客最愛吃的南洋味！
低卡又好吃的涼拌菜

常備菜

024
涼拌叻沙甜醬蔬菜棒

製作分量　👤　4 人份

製作時間　🕐　15 分鐘

保存方式　🍽　密封冷藏 5 天

材料 //

去籽小黃瓜段 250g
去皮紅蘿蔔段 150g

調味料 //

鹽 10g
叻沙甜醬 500g

叻沙甜醬材料 // （作法詳見 P.27）

叻沙醬 200g、洋蔥末 100g、蒜末 20g、蕃茄醬 100g、
紅砂糖 80g、水 100CC

作法 //

① 去籽小黃瓜段、去皮紅蘿蔔段放入容器中，加入鹽抓拌，靜置醃 10 分鐘。

② 鹽漬後的小黃瓜段及紅蘿蔔段，用飲用水沖洗（洗去鹹味），撈出、瀝乾水分。

③ 小黃瓜段、紅蘿蔔段、叻沙甜醬放入容器中拌勻，移入冰箱冷藏 20 分鐘以上，
即可食用。

主廚Tips

1. 叻沙是一道新加坡與馬來西亞的代表性醬料，叻沙味道依
據不同種類、不同族群和地方性的差異而有所不同。可以廣
泛運用在涼拌、湯麵、米粉、炒麵、炒飯及火鍋做料理變化。
2. 怕味道過鹹的人，可以用沾的方式食用。

吃一口最會愛上它！
蔬菜口感更加鮮甜

涼拌菜

025

雲南大薄片

製作分量		4 人份
製作時間		15 分鐘
保存方式		密封冷藏 3 天

材料 //

培根豬肉片 300g
洋蔥絲 50g
蔥段 15g
薑片 . . . . 3 片
米酒 20CC
花生碎 30g

調味料 //

雲南酸辣醬 100g

雲南酸辣醬材料 //（作法詳見 P.28）
洋蔥絲 30g、檸檬醋 50CC、花椒粉 5g、去籽辣椒末 5g、
蒜末 5g、香菜末 5g

作法 //

1 準備一鍋熱水加入蔥段、米酒與薑片（去除腥味），放入培根豬肉片燙熟，撈起、放入冰水中冰鎮約 1 分鐘，備用。

2 洋蔥絲放入容器，用流動的清水沖約 10 分鐘（可幫助降低辛辣感），瀝乾水分，備用。

3 洋蔥絲、培根豬肉片放入盤中，加入雲南酸辣醬，撒上花生碎，即可食用。

主廚 Tips

常見的雲南大薄片大多使用豬頭皮的部位，但為了方便家庭料理，因此選用容易取得的培根豬肉片取代，減輕油脂攝取保留較清新的口感。

香辣十足又過癮！
開胃又爽脆的好滋味

涼拌菜

026
越南生春捲

製作分量 4 人份

製作時間 10 分鐘

保存方式 當餐即食完畢

材料 //

越南米片（生春捲皮）.	4 片
美生菜.	1/2 顆
紅蘿蔔絲.	1/3 條
蘿蔔嬰.	1 盒
去殼熟白蝦.	12 隻
九層塔.	10g
香菜.	10g

調味料 //

越式甜醬.	150g

越式甜醬材料 //（作法詳見 P.28）

顆粒花生醬 200g、檸檬醋 40CC、
白糖 30g、魚露 10CC、
去籽辣椒末 1/2 支、
冷開水 40CC、
蒜末 2 瓣

作法 //

1. 美生菜絲用流動水沖洗 5 分鐘，瀝乾水分；蘿蔔嬰、九層塔、香菜分別洗淨，備用。

2. 取一張越南米片沾飲用水至透明軟化，攤平在盤子上，放入取適量的美生菜絲、紅蘿蔔絲。

3. 再取適量的熟白蝦、蘿蔔嬰、九層塔、香菜，擠入一點點越式甜醬，慢慢捲成春捲狀，依序全部完成，即可食用。

主廚 Tips

預防米片沾黏可以這樣做：取一個大盤子盛裝水，放入越南米片一張沾濕，立即移入另一個盤子，等待數秒會開始軟化，接著放入綜合蔬菜絲即成。建議一次完成一捲，可避免米片黏在盤子上面，還要花時間一張一張撕開。

夏季最愛的輕食！品嚐最健康原味的蔬食

常備菜

_027_
泰式檸檬海鮮

製作分量		3 人份
製作時間		15 分鐘
保存方式		密封冷藏 3 天

材料 //

蝦子	100g
透抽	150g
洋蔥絲	50g
小蕃茄	30g
香菜末	5g
薑片	15g
蔥段	15g

調味料 //

米酒	10g
鹽	5g
泰式酸辣醬	80g

泰式酸辣醬材料 //（作法詳見 P.28）

檸檬汁 50g、魚露 50g、
細砂糖 30g、蒜末 15g、
辣椒末 15g、薑末 10g

作法 //

① 蝦子洗淨，去腸泥、外殼，開背（刀順著背部往下切開但不切斷身體）；透抽洗淨，去內臟、內殼、內外膜，切圈狀；小蕃茄洗淨，切半，備用。

② 準備一鍋熱水加入薑片、蔥段、米酒、鹽（去除腥味），放入蝦子、透抽煮熟，取出、移入冰水中冰鎮約 1 分鐘，瀝乾水分，備用。

③ 蝦子、透抽、洋蔥絲、小蕃茄、香菜末、泰式酸辣醬放入容器內拌勻，盛入盤中，即可食用。

主廚 Tips

蝦子、透抽容易煮過熟，應注意火候與時間掌控，以維持良好口感與風味。

酸辣過癮！呼喚著飢渴的味蕾，輕鬆滿足全家人的胃

101

常備菜

028

香茅綠咖哩豚肉片

製作分量		3 人份
製作時間		20 分鐘
保存方式		密封冷藏 3 天

材料 //

洋蔥絲	50g
小黃瓜片	50g
豬肉片	200g

調味料 //

魚露	35g
二砂糖	15g
米酒	10g
香茅綠咖哩醬	80g

香茅綠咖哩醬材料 //（作法詳見 P.29）
香茅 30g、薑片 10g、綠咖哩醬 30g、水 150g、
椰漿 50g、鹽 3g、二砂糖 10g

作法 //

1　洋蔥絲、小黃瓜片放入冰塊水中，冰鎮約 1 分鐘，瀝乾水分；豬肉片加入魚露、
二砂糖、米酒醃漬 20 分鐘，備用。

2　取一炒鍋加入沙拉油預熱，放入豬肉片炒熟、放涼，備用。

3　洋蔥絲、小黃瓜片、豬肉片放入盤中，淋入香茅綠咖哩醬拌勻，即可食用。

主廚 Tips

蔬菜冰鎮後應充分瀝乾，以免涼拌後容易出水影響口感。

回味無窮！濃郁微辣的香料，增添美味的口感

涼拌菜

029

越南蔬菜粉皮

製作分量	3 人份
製作時間	20 分鐘
保存方式	當餐即食完畢

材料 //

越式粉皮	3 張
西芹絲	50g
洋蔥絲	50g
紅蘿蔔絲	30g
蔥絲	15g
香菜絲	15g

調味料 //

魚露	80g
細砂糖	20g
辣椒碎	10g
蒜碎	10g
薑末	5g

作法 //

① 越式粉皮用冰飲用水泡軟（約 1 分鐘）；全部的調味料放入容器中拌勻，備用。

② 西芹絲、洋蔥絲、紅蘿蔔絲、蔥絲、香菜絲放入冰水中冰鎮約 1 分鐘、瀝乾水分，備用。

③ 取一張越式粉皮攤平，放入適量的西芹絲、洋蔥絲、紅蘿蔔絲、蔥絲、香菜絲，捲起，依序全部完成，放入盤中，搭配拌勻的調味料，即可食用。

主廚 Tips

1. 越式粉皮稍微用水泡軟即可，不要浸泡過久，才能維持 Q 軟的口感。

2. 蔬菜絲可以依個人口味做變化，例如：小黃瓜絲、蛋絲、蘋果絲或美生菜絲等。

清新爽脆又開胃，五彩繽紛的蔬菜超好吃

常備菜

030
越式涼拌嘴邊肉

製作分量　👤　3 人份

製作時間　🕐　20 分鐘

保存方式　🍲　密封冷藏 3 天

材料 //

嘴邊肉	150g
洋蔥絲	30g
蔥段	10g
薑片	10g
蔥絲	10g
嫩薑絲	10g
香菜末	10g

調味料 //

鹽	5g
米酒	10g
酸辣魚露醬	60g

酸辣魚露醬材料 //（作法詳見 P.29）

魚露 80g、細砂糖 30g、
檸檬汁 15g、
辣椒末 10g、
香菜末 10g

作法 //

① 準備一鍋熱水加入蔥段、薑片、鹽、米酒（去除腥味），放入嘴邊肉煮至熟，撈出，放涼、切片，備用。

② 嘴邊肉、洋蔥絲、蔥絲、嫩薑絲、香菜末放入盤中，加入酸辣魚露醬拌勻，即可食用。

主廚 Tips

嘴邊肉不要煮過熟，以免肉質乾柴影響口感。洋蔥絲也可以放入冰水中浸泡去除嗆味，增加甜脆的滋味。

酸甜開胃的越南料理，
口感軟嫩有嚼勁

涼拌菜

031
越式聖女鑲蝦仁

製作分量		4 人份
製作時間		15 分鐘
保存方式		密封冷藏 3 天

材料 //

小蕃茄...............8 顆
蝦仁...............8 尾
九層塔（或蘿蔔嬰）.適量

調味料 //

檸檬醋薑汁.........100g

檸檬醋薑汁材料 //（作法詳見 P.29）
冷開水 15CC、魚露 30CC、砂糖 22g、
檸檬醋 30CC、薑末 10g、蒜末 10g

作法 //

① 小蕃茄洗淨、切除蒂頭及尾端，取小湯匙挖除中間的果肉，以飲用水沖淨、擦乾水分，備用。

② 蝦仁用牙籤去除腸泥，放入滾水中汆燙至熟，撈出，移入冰水中冰鎮、瀝乾，備用。

③ 取一隻蝦仁塞入小蕃茄中，露出蝦尾，放置於盤中，依序全部完成，淋上檸檬醋薑汁，搭配九層塔裝飾，即可食用。

主廚 Tips

小蕃茄挖除的果肉，可搭配蘋果、奇異果攪打成果汁。蝦子汆燙時間要掌握好時間，以免煮太久，蝦肉變硬影響口感！

檸檬醋薑
遇上鮮甜的蝦肉，
清爽又開胃

常備菜

032

蝦醬四季豆

製作分量	3 人份
製作時間	20 分鐘
保存方式	密封冷藏 1 週

材料 //

四季豆 250g

調味料 //

蒜辣蝦醬 100g

蒜辣蝦醬材料 //（作法詳見 P.30）

蝦米 50g、油 20g、薑末 10g、蒜末 15g、
紅蔥頭末 15g、蝦膏 20g、米酒 10g、
魚露 20g、蠔油 30g、糖 30g

作法 //

1 四季豆洗淨、摘除頭尾端及老筋，切段、瀝乾水分，備用。

2 準備一油鍋，倒入油 200g 預熱至 180 度，放入四季豆炸至熟透，起鍋瀝乾。

3 四季豆、蒜辣蝦醬放入容器中拌勻，放涼，即可食用。

主廚 Tips

四季豆應確實炸熟，以免口感過韌不易咀嚼。

結合大廚特調的蒜辣蝦醬，
全家都愛吃的好料理

涼拌菜

033

檸檬涼拌生蝦

製作分量	👤	2～3 人份
製作時間	🕐	10 分鐘
保存方式	🍽	當餐即食完畢

材料 //

活草蝦	200g
九層塔（裝飾用）	適量
檸檬	1/4 顆

調味料 //

泰式檸檬辣醬	65g

泰式檸檬辣醬材料 //（作法詳見 P.30）
魚露 10CC、醬油 10CC、蒜末 20g、
薑末 20g、紅辣椒末 1 根

作法 //

1. 活草蝦略沖洗，去除頭部與外殼，開背（刀順著背部往下切開但不切斷身體），
   清除沙腸，再用冷開水洗淨，擦乾水分，平鋪於盤上（開背的部分朝上）。

2. 九層塔洗淨，瀝乾水分，備用。

3. 取湯匙舀出泰式檸檬辣醬，鋪放於蝦肉上面，擠入檸檬汁，擺上九層塔，即可
   食用。

主廚 Tips

為了衛生與預防食物中毒，一定要選用新鮮的活蝦
喔！清洗乾淨後的草蝦，可以先放置冰箱冷藏 10
分鐘，風味更佳。

讓人吮指回味！
饕客必點的泰式開胃菜

常備菜

034

越式涼拌牛肉片

消暑最佳的涼拌開胃菜！配料多又好吃

製作分量	4 人份
製作時間	15 分鐘
保存方式	密封冷藏 2 天

材料 //

培根牛火鍋肉片 . 300g
洋蔥絲 20g

調味料 //

越式甜辣醬 120g

越式甜辣醬材料 //（作法詳見 P.30）

魚露 10CC、泰式酸甜辣醬 50CC、
糖 5g、新鮮紅蔥頭片 30g、檸檬薄片 1/4 顆、
紅辣椒末 1 根

作法 //

1 洋蔥絲放入容器浸泡冷水（去除辛辣味）5 分鐘、瀝乾，備用。

2 準備一鍋熱水，放入牛肉片汆燙至 5 分熟（熟度可自行調整），撈起、移入冰水中冰鎮，盛盤，備用。

3 洋蔥絲、牛肉片放入盤中，淋上越式甜辣醬拌勻，即可食用。

主廚 Tips　選購牛肉時，可選擇帶點油花的部位會更適合，因為醬料酸甜的味道可以中和牛肉的油脂口感。

114

035

紫蘇醬菇

日式養生首選的開胃菜，多層次的好味道

製作分量		3 人份
製作時間		20 分鐘
保存方式		密封冷藏 3 天

材料 //

鮮香菇...........80g
杏鮑菇..........120g
熟白芝麻.........5g
蔥花...........少許

調味料 //

紫蘇醬..........160g

紫蘇醬材料 //（作法詳見 P.31）
紫蘇 15g、醋 60g、
糖 60g、醬油 30g

作法 //

1 鮮香菇、杏鮑菇用水沖淨，吸乾水分，切塊，備用。

2 取一炒鍋加入水，轉大火煮滾，放入鮮香菇、杏鮑菇，加鍋蓋燜熟，盛出、放涼。

3 鮮香菇、杏鮑菇放入盤中，拌入紫蘇醬拌勻，撒上熟白芝麻、蔥花，即可食用。

主廚Tips　菇菌類是屬於易熟的食材，建議烹調可用中火加熱會略微釋出水分，立即熄火，不要煮過熟，以維持良好口感與風味。

涼拌菜

036

梨醋拌洋蔥鮭魚

製作分量　👤　4 人份

製作時間　🕐　20 分鐘

保存方式　🍲　密封冷藏 3 天

材料 //

鮭魚清肉（鮭魚菲力）..... 300g
洋蔥絲 . . . . 1/2 顆
蒜末 . . . . 2 粒
辣椒碎 . . . . 1 根
香菜 5g

調味料 //

鳳梨醋醬 50g

鳳梨醋醬材料 // (作法詳見 P.31)
醬油 5CC、味醂 10CC、鳳梨醋 30CC、七味粉 5g、鹽 1g、白胡椒粉 1g

作法 //

1　鮭魚去皮、去刺、切厚片；洋蔥絲泡冷水 5 分鐘（去除辣味），瀝乾水分；香菜洗淨，備用。

2　準備一鍋滾水，放入鮭魚汆燙至熟，撈出，放入冰水中冰鎮約 1 分鐘，瀝乾水分，備用。

3　鮭魚擺入盤中，加入洋蔥絲、蒜末、辣椒末、香菜，淋上鳳梨醋醬，即可食用。

主廚 Tips

1. 鳳梨醋醬也可適用於蔬果類、海鮮類、生菜類與紅肉類。
2. 建議選用純天然的自然果醋醃漬的鳳梨醋，最能呈現此道菜餚的風味。

在家也能簡單做出
五星級的開胃菜

常備菜

037
芝麻牛蒡

製作分量　👤　4 人份

製作時間　🕐　15 分鐘

保存方式　🍽　密封冷藏 7 天

材料 //

新鮮牛蒡. . . . . 1 支
黑芝麻. . . . . 少許
白芝麻. . . . . 少許

調味料 //

牛蒡淋醬. 270g

牛蒡淋醬材料 //（作法詳見 P.31）
陳年醋 100CC、醬油 100CC、
砂糖 60g、香油少許

作法 //

1　牛蒡洗淨，用削皮刀削去表皮，斜切成片，再切成細絲，備用。

2　準備一鍋熱水，轉中小火，放入牛蒡絲煮約 2 分鐘，撈起、放涼，備用。

3　牛蒡絲、牛蒡淋醬放入容器中充分拌勻，撒上黑、白芝麻，即可食用。

主廚 Tips

牛蒡切絲後，可以先浸泡在已添少許醋的水
裡，以免牛蒡切口氧化變色。

118

牛蒡搭配特製醬，最好吃的開胃菜

常備菜

038

柴魚過貓菜

製作分量 👤 3 人份

製作時間 🕐 10 分鐘

保存方式 🍲 密封冷藏 3 天

材料 //

過貓菜................100g
薑絲....................5g
柴魚片..................1g

調味料 //

柴魚汁醬................60g

柴魚汁醬材料 //（作法詳見 P.32）
水 200g、柴魚 10g、醬油適量、味醂適量

作法 //

1 過貓菜洗淨，放入滾水中氽燙至熟、撈出。

2 放入冰水中冰鎮約 1 分鐘、瀝乾，備用。

3 將過貓菜切段，放入盤中，拌入薑絲，淋入柴魚汁醬，擺入柴魚片，即可食用。

主廚 Tips

過貓菜要確實燙熟（軟化）再冰鎮，口感才會好
吃喔！過貓菜也可改成其他的綠色蔬菜，如菠
菜、龍鬚菜或山蘇菜等。

最好吃的野味蔬食！
每一口都清脆可口

涼拌菜

039

芥味秋葵豆腐 素

製作分量	👤	3 人份
製作時間	🕐	20 分鐘
保存方式		當餐即食完畢

材料 //

嫩豆腐	1/2 盒
秋葵	4 根
白芝麻	少許
枸杞	6 顆

調味料 //

| 鹽 | 5g |
| 和風芥籽醬 | 90g |

和風芥籽醬材料 //（作法詳見 P.32）
香菇醬油露 60CC、芥末籽醬 20g、陳年醋 10CC

作法 //

1 枸杞洗淨、浸泡溫水約 5 分鐘、取出；嫩豆腐分切成 3 等分，備用。

2 秋葵洗淨，放入加有少許鹽的滾水中燙熟，撈出，移入冰水中冰鎮約 1 分鐘、瀝乾、切片，備用。

3 嫩豆腐、秋葵放入盤中，撒上白芝麻、枸杞，淋入和風芥籽醬，即可食用。

主廚 Tips

此道也可以加入生洋蔥絲增添風味。秋葵具有「綠人蔘」的美名，熱量低適合減重者食用。不喜歡食用秋葵，也可以改成過貓或是龍鬚菜。

嫩滑又微辣的口感，挑動著舌尖上的味蕾

123

涼拌菜

040
日式味噌小黃瓜

製作分量　👤　3 人份
製作時間　🕐　10 分鐘
保存方式　🍽　密封冷藏 3 天

材料 //

去籽小黃瓜段 . . . . 2 條
白芝麻 . . . . 少許

調味料 //

黃味噌 20g
白味噌 20g
味醂 10C
醬油 3CC

作法 //

① 小黃瓜洗淨，切除頭尾端，橫剖對半（綠色面也切平面使其站穩），放入盤中。

② 全部的調味料放入容器中拌勻，備用。

③ 用湯匙取適量的調味料，放入小黃瓜上面，依序全部完成，撒上白芝麻，即可食用。

 主廚 Tips

味噌的顏色是取決於製作的溫度高低以及發酵熟成時間的長短；而味道的差異則是取決於麴菌及鹽的比例不同而產生變化，所以此道在調味時可先品嚐味道，再依個人的口味做調整。

學到賺到，五星私廚完美比例的調味技巧

125

常備菜

041
果酸鱈魚肝

製作分量　　4 人份

製作時間　　10 分鐘

保存方式　　密封冷藏 3 天

材料 //

鱈魚肝罐頭...............1 罐
洋蔥....................1/4 顆
細蔥花..................適量
白芝麻..................少許

調味料 //

果醋醬汁................80g

果醋醬汁材料 //（作法詳見 P.32）
醬油 30CC、蘋果醋 20CC、味醂 10CC、
蘋果泥 10g（視個人口味添加）

作法 //

① 洋蔥洗淨、切絲，浸泡冷水（去除辣味）5 分鐘、瀝乾，備用。

② 鱈魚肝罐頭打開，瀝乾湯汁，放入盤中。

③ 加入洋蔥絲，淋上果醋醬汁，撒上細蔥花、白芝麻，即可食用。

主廚 Tips

鱈魚肝還可以搭配早餐的麵包、三明治，或是
涼拌沙拉都適合。

嫩滑的魚肝添加果香味，口感鮮美又開胃

涼拌菜

042

柚香山藥絲

製作分量	3 人份
製作時間	20 分鐘
保存方式	密封冷藏 2 天

材料 //

干貝	50g
蟹腿肉	50g
山藥	150g
柴魚片	3g
薑片	10g
蔥段	10g

調味料 //

米酒	10g
鹽	5g
柚香醬	60g

柚香醬材料 //（作法詳見 P.33）
葡萄柚 1/4 顆、白醋 100g、
糖 125g、鹽 12g

作法 //

1　干貝、蟹腿肉洗淨；山藥洗淨、削皮、切（或刨）成絲，備用。

2　準備一鍋熱水加入薑片、蔥段、米酒、鹽（去除腥味），放入干貝、蟹腿肉煮熟，撈出，放入冰水中冰鎮約 1 分鐘、瀝乾水分，備用。

3　干貝、蟹腿肉、山藥絲、柚香醬放入容器拌勻，盛盤，撒上柴魚片，即可食用。

主廚 Tips

山藥的黏液較多，若是不容易製作的話，可浸泡一下飲用水，以減緩黏液釋出，方便操作。

低脂、開胃的涼拌菜，
好吃又健康

涼拌菜

043

胡麻菠菜松阪肉

製作分量　👤　4 人份

製作時間　🕐　15 分鐘

保存方式　🍽　當餐即食完畢

材料 //

菠菜.........................200g
松阪豬肉.....................100g
青蔥...........................1 支
薑片...........................3 片
白芝麻.........................少許

調味料 //

米酒.........................30CC
鹽.............................15g
胡麻醬.......................200g

胡麻醬材料 // (作法詳見 P.33)
胡麻醬 120CC、蒜末 5g、醬油
20CC、味醂 10CC、冷開水
適量、柔滑花生醬 (無顆粒) 30g

作法 //

1. 菠菜洗淨、切除根部；松阪豬肉洗淨、逆紋斜切成片 (越薄越好)；青蔥洗淨，備用。

2. 準備一鍋熱水加入青蔥、薑片、米酒、鹽 (去除腥味)，放入松阪豬肉片汆燙至熟，撈起、瀝乾、放涼，備用。

3. 再準備一鍋熱水，加入少許的鹽，放入菠菜汆燙 30 秒，撈起，瀝乾，放入冰水中冰鎮約 1 分鐘，擠乾水分，切段 (適合入口的長度)，備用。

4. 菠菜、松阪豬肉片放入盤中，淋上胡麻醬、撒上白芝麻，即可食用。

主廚 Tips

1. 菠菜放入滾水汆燙時間要掌握好，不可汆燙太久，以免變成暗褐色。

2. 菠菜撈起利用冰水降溫，可保持色澤翠綠，但撈起時水分要盡量擠乾，以免稀釋醬料的味道。

饕客最愛的日式涼拌菜，清爽又美味

常備菜

044

和風脆芽章魚

製作分量 3 人份

製作時間 🕐 20 分鐘

保存方式 🍲 密封冷藏 3 天

材料 //

小章魚	150g
海帶芽	10g
小黃瓜片	50g
薑片	10g
蔥段	10g
熟白芝麻	2g

調味料 //

米酒	10g
鹽	5g
柴魚醋汁醬	80g

柴魚醋汁醬材料 //（作法詳見 P.33）
水 200g、柴魚 5g、醬油 40g、
味醂 40g、白醋 20g、細砂糖 20g

作法 //

1 海帶芽洗淨，以飲用水泡開，擠乾水分；小黃瓜片以冰水冰鎮約 1 分鐘、瀝乾，
備用。

2 準備一鍋熱水加入薑片、蔥段、米酒、鹽（去除腥味），放入小章魚燙熟，撈出、
移入冰水中冰鎮約 1 分鐘、瀝乾水分，備用。

3 小章魚、海帶芽、小黃瓜片、柴魚醋汁醬、熟白芝麻放入容器中拌勻，即可食用。

主廚 Tips

章魚是容易煮熟食物，放入滾水中不要煮太久，
才能維持良好的口感。

消暑首選的日式開胃菜，
簡單又好吃

常備菜

045
醋薑涼拌蕈肉

製作分量　　3 人份

製作時間　　20 分鐘

保存方式　　密封冷藏 3 天

材料 //

嫩薑片	50g
松阪豬肉片	180g
鴻禧菇	30g
美白菇	30g

醃料 //

醬油	20g
糖	10g
鹽	8g

調味料 //

七味唐辛子	3g
鹽	少許
醋汁醬	30g

醋汁醬材料 //（作法詳見 P.34）

醋 100g、糖 100g、鹽 5g

作法 //

① 嫩薑片用醋汁醬醃漬入味（約 1 個晚上）；松阪豬肉片加入全部的醃料拌勻，備用。

② 取一炒鍋，加入水煮滾，放入鴻禧菇、美白菇煮熟，撈起，加入鹽拌勻，放涼，備用。

③ 取一炒鍋加入油預熱，放入松阪豬肉片炒熟，盛盤，放涼，備用。

④ 全部的材料、醋汁醬放入盤中拌勻，灑上七味唐辛子，即可食用。

主廚 Tips

1. 菇類以少許水入鍋燜熟取代燙煮，可保留更多營養成分
   與風味。
2. 嫩薑片醃漬入味除了可以直接食用，亦可搭配其他食材，
   如：花枝、海帶芽、黑木耳、汆燙龍鬚菜等。

醃漬醋薑與薑肉，非常的爽口又好吃

常備菜

046
洋蔥蒲燒鯛

製作分量 3 人份

製作時間 20 分鐘

保存方式 密封冷藏 3 天

材料 //

鯛魚片	120g
洋蔥絲	40g
小黃瓜絲	40g
麵粉	30g

調味料 //

醋	5g
味醂	10g
七味唐辛子	2g
蒲燒醬	50g

蒲燒醬材料 // （作法詳見 P.34）

醬油 120g、米酒 120g、砂糖 35g、
麥芽糖 35g、味醂 60g

作法 //

1 鯛魚片稍微沖洗，擦乾，兩面均勻撒上一層麵粉，放入預熱好的油鍋，煎至表面呈金黃色。

2 加入蒲燒醬，轉小火燒煮入味，熄火、盛入盤中、放涼，備用。

3 洋蔥絲、小黃瓜絲、醋、味醂放入容器中拌勻，放入鯛魚片，撒上七味唐辛子，即可食用。

主廚Tips

煎好的蒲燒鯛魚片要食用前，再與洋蔥絲、小黃瓜絲拌勻，以免放久了蔬菜出水軟化，影響了口感。

鮮嫩多汁、風味濃厚，令人食指大動

常備菜

047

脆絲拌涼照燒雞

製作分量　👤　3 人份

製作時間　🕐　20 分鐘

保存方式　🍲　密封冷藏 3 天

材料 //

去骨雞腿排	180g
西芹絲	50g
青蒜絲	30g
蒜末	5g
白芝麻	2g
薑片	10g
米酒	10g

調味料 //

照燒醬 80g

照燒醬材料 //（作法詳見 P.34）
醬油 80g、米酒 80g、砂糖 25g、
麥芽糖 25g、柴魚 10g

作法 //

① 去骨雞腿排洗淨，放入容器中，加入薑片、米酒略醃入味（約 20 分鐘），備用。

② 取一平底鍋倒入油預熱，放入雞腿排（皮朝下）將表面煎至金黃色，加入照燒醬，轉小火燒煮入味、關火、放涼，備用。

③ 照燒雞腿切小塊（適合入口的大小），放入盤中，拌入西芹絲、青蒜絲、蒜末、白芝麻，即可食用。

主廚Tips

雞腿排的前處理可先在表面劃刀紋較容易煎熟，
然後用中火慢煎至表皮微焦之後，再翻面續煎。

嫩肉調配脆絲、香嫩爽口，營養又健康

涼拌菜

_048_
時魚刺身冷盤

製作分量 　4人份

製作時間 　10分鐘

保存方式 　當餐即食完畢

材料 //

可生食白肉魚 200g
洋蔥末. 100g
西芹末. 20g
蕃茄小丁 10g

調味料 //

日式芥末醋醬 220g

日式芥末醋醬材料 // （作法詳見 P.35）
薄口醬油 90CC、糖 3g、鹽 1g、哇沙米 15g、
陳年醋 30CC、初榨特級橄欖油 100CC

作法 //

1　白肉魚切成薄片（越薄越好），平鋪於盤子上，蓋上保鮮膜，放到冰箱冷藏，備用。

2　洋蔥末、西芹末放入細濾網中，以流動水沖洗 5 分鐘（可幫助降低辛辣口感），瀝乾水分，備用。

3　取出魚片盤，放入洋蔥末、西芹末及蕃茄小丁，淋上日式芥茉醋醬，即可食用。

主廚Tips

此道一定要選擇可以生食的白肉魚，例如：旗魚、海鱺、鯛魚等等。日式芥末醋醬適用於生菜沙拉、白肉海鮮與紅肉等變化料理。

新鮮限量的饗宴，完美詮釋美味的層次

141

常備菜

049
寒天銀芽

（素）

消暑又開胃，熱量低，
最簡單做的開胃菜

製作分量 3 人份

製作時間 15 分鐘

保存方式 密封冷藏 3 天

材料 //

寒天	15g
銀芽	150g
蒜末	15g
薑末	10g

調味料 //

糯米醋	30g
糖	30g
醬油	10g

作法 //

① 寒天洗淨，剪成小段，以飲用水泡開。

② 銀芽洗淨，放入熱水中燙熟，放入冰水中冰
　鎮約 1 分鐘、瀝乾水分，備用。

③ 寒天、銀芽、蒜末、薑末、全部的調味料放
　入容器內拌勻，即可食用。

主廚 Tips

寒天以一般冷的飲用水泡軟即可。寒天不只熱量低，且有豐富的膳
食纖維，有降低膽固醇、預防血糖升高，以及防癌等作用。

酸甜裙帶菜

製作分量	3 人份
製作時間	20 分鐘
保存方式	密封冷藏 1 週

補充活力的開胃菜，
含有豐富的碘和鈣，

材料 //

裙帶菜..............150g
薑片..............10g
蔥段..............10g

調味料 //

米酒..............10g
鹽..............5g
魚露醋醬..............120g

魚露醋醬材料 //（作法詳見 P.35）

白醋 40g、魚露 30g、
糖 40g、薑泥 10g

作法 //

1. 裙帶菜用流動的清水中，洗淨，備用。

2. 準備一鍋熱水，加入薑片、蔥段、米酒、鹽，
   放入裙帶菜汆燙，撈出、浸泡冷水約 1 分鐘、
   瀝乾，備用。

3. 裙帶菜放入容器中，加入魚露醋醬拌勻，醃漬
   15 分鐘以上待入味，即可食用。

主廚 Tips

裙帶菜為鹽漬的藻類食材，烹調
前要洗淨鹽分，以免味道過鹹
影響口感。

常備菜

<u>051</u>
韓式泡菜

製作分量 3 人份

製作時間 3～4 小時

保存方式 密封冷藏 2 週

材料 //

大白菜 · · · · · · · · · · · 1 斤

調味料 //

鹽 · · · · · · · · · · · · · · 10g
韓式辣醃醬 · · · · · · · · 300g

韓式辣醃醬材料 // （作法詳見 P.35）

韓國魚露 10g、蒜末 20g、洋蔥 10g、老薑 10g、
蘋果 1/5 顆、澄粉 40g、水 200g、韓式辣椒粉 40g、
紅蘿蔔絲 35g、白蘿蔔絲 35g、紅辣椒圈 15g、
青蔥丁 40g、熟白芝麻 10g、糖 10g、蝦醬 1g

作法 //

1 大白菜切半，放入容器中，加入鹽，用手抓勻，等待大白菜醃漬軟化
（約 3～4 小時），備用。

2 將大白菜以韓式辣醃醬醃漬均勻 1 至 2 天以上，發酵入味，即可食用。

主廚 Tips

韓式泡菜醃漬後可放冰箱冷藏 2～3 天使
其發酵，風味會更加融合好吃。

正宗的醬汁黃金比例，
傳遞最純粹的天然好滋味

常備菜

052
涼拌黃豆芽　素

製作分量　👤　3 人份
製作時間　🕐　10 分鐘
保存方式　🍽　密封冷藏 5 天

材料 //

黃豆芽 150g
白芝麻粒 1g
細蔥花、蒜末 各2g

調味料 //

鹽 . . . . 少許
韓式涼拌汁 35g

韓式涼拌汁材料 //（作法詳見 P.36）
胡麻辣油 15ml、韓式辣粉適量、糖 5g、
白芝麻粒 2g、細蔥花 5g、蒜末 10g

作法 //

1　黃豆芽洗淨，放入加有少許鹽的滾水中，蓋上鍋蓋煮約 3 ～ 4 分鐘。

2　用一個濾網撈出黃豆芽，放入冷開水中冰鎮約 1 分鐘，瀝乾水分。

3　黃豆芽、白芝麻粒、細蔥花、蒜末、韓式涼拌汁放入容器中拌勻，即可食用。

主廚 Tips

黃豆芽放入滾水時，中途不可打開鍋蓋，以免黃豆
芽會產生腥味，然後煮好之後，一定要充分瀝乾
水分，以免太多水分會稀釋醬料的味道。

入口微辣，清爽又營養，

冰箱常備即時享用，

常備菜

053

醃韭菜配五花薄片

製作分量	3～4人份
製作時間	15分鐘
保存方式	密封冷藏 3 天

材料 //

五花火鍋肉片 180g
韭菜............150g
白芝麻 2g

調味料 //

韭菜醃醬 75g

韭菜醃醬材料 //（作法詳見 P.36）

蒜泥 10g、胡麻辣油 15CC、韓式粗辣椒粉 5g、
魚露 5CC、韓式辣椒醬 20g、烏梅汁 20CC

作法 //

1 韭菜洗淨、擦乾水分，切成長段，放入容器中，加入韭菜醃醬 1/2 量拌勻，
放入冰箱冷藏，即成辣韭菜。

2 準備一鍋熱水，放入五花火鍋肉片汆燙至熟，撈起，放涼。

3 五花火鍋肉片放入盤中，淋入韭菜醃醬 1/2 量拌勻，加入辣韭菜、白芝麻，
即可食用。

主廚 Tips

1. 搭配韭菜醬的豬肉片，必須要採買帶點油脂的品
質，才能讓口感更為融合。

2. 五花火鍋肉片可改成小章魚、花枝、透抽、甜不
辣等食材做變化。

夏季最好吃的道地韓味，襲捲你的視覺與味蕾

149

常備菜

054

糖醋蘿蔔 & 辣蘿蔔

製作分量 4 ～ 6 人份

製作時間 30 分鐘

保存方式 密封冷藏 10 天

材料 //

白蘿蔔............800g

調味料 //

鹽............20g
糖醋醬............400g
辣醃醬............280g

糖醋醬材料 //（作法詳見 P.36）

冷開水 180CC、雪碧汽水 20CC、
白醋 100CC、
白糖 100g

辣醃醬材料 //（作法詳見 P.37）

洋蔥泥 50g、蒜泥 30g、
薑泥 10g、韭菜 1 株、
韓式辣椒粉 30g、魚露 30CC、
糯米粉水 50cc、糖 20g

作法 //

1. 白蘿蔔洗淨、削皮、切小塊,加入鹽拌勻(去除澀汁),靜置 1 小時,洗淨、瀝乾水分,備用。

2. 將醃漬的蘿蔔塊分成 2 份,一份加入糖醋醬拌勻,另一份加入辣醃醬拌勻。

3. 放在室溫 2 小時待入味,再移入冰箱冷藏取出,即可食用。

主廚 Tips

採買一條蘿蔔可以製作成二種不同的風味,一甜一辣,絕妙的
搭配。醃好的蘿蔔放在室溫醃漬(夏天的氣溫約 2 小時、但冬
天需要約半天的時間)後,等入味之後再放入冰箱冷藏,即成
美味的常備開胃菜。

指數破表的口感，每一餐都不能沒有它

常備菜

055

醋蒜頭拌烤五花

製作分量　　3 人份

製作時間　　20 分鐘

保存方式　　密封冷藏 3 天

材料 //

五花肉 250g
蒜頭 60g
白芝麻 . . . . 少許

調味料 //

白醋 45g
鹽 5g
糖 50g
韓式辣醃醬 60g

醃料 //

鹽 10g
麻油 10g

韓式辣醃醬材料 //（作法詳見 P.35）

韓國魚露 10g、蒜末 20g、洋蔥 10g、老薑 10g、
蘋果 1/5 顆、澄粉 40g、水 200g、
韓式辣椒粉 40g、紅白蘿蔔絲各 35g、
紅辣椒圈 15g、青蔥丁 40g、
熟白芝麻 10g、糖 10g、蝦醬 1g

作法 //

1. 五花肉洗淨，擦乾水分，表面均勻塗抹醃料約半小時，待醃漬入味，備用。

2. 蒜頭洗淨，去膜，放入容器中，加入白醋、鹽、糖拌勻，醃漬 1 天待入味，備用。

3. 五花肉放入烤箱，轉上下火 220 度烤約 20 分鐘（或煎）至熟，放涼，切成條狀，放入容器中。

4. 搭配醋蒜頭、韓式辣醃醬，撒上熟白芝麻，即可食用。

主廚 Tips

五花肉油脂較多，烤（或煎）出油脂後，
口感會變得香脆，美味更加分。

令人垂涎的在地好味道，簡單做輕鬆吃

常備菜

<u>056</u>
辣味透抽

製作分量　👤　4 人份

製作時間　🕐　30 分鐘

保存方式　🍲　密封冷藏 2 天

材料 //

透抽...............2 尾
薑片...............1 片
青蔥...............1 根
米酒...............5CC
白芝麻.............少許

調味料 //

韓式辣味噌醬.......180g

韓式辣味噌醬材料 //（作法詳見 P.37）

洋蔥絲 1/4 顆、蒜末 50g、薑末 5g、去籽辣椒末 1 根、韓式辣粉 5g、
韓式辣椒醬 45g、醬油 15CC、糖 5g、陳年醋 5CC、米酒 5CC

作法 //

1　透抽去除內臟及軟骨，撕除外膜，洗淨，切片。

2　準備一鍋熱水，加入薑片、青蔥與米酒（去除腥味），放入透抽汆燙至熟，撈起、
　放入冰水中冰鎮 1 分鐘、瀝乾水分，備用。

3　透抽放入容器中，倒入韓式辣味噌醬拌勻，移入冰箱冷藏，等食用時，再取出
　盛盤，撒上白芝麻，即可享用。

主廚 Tips

韓式辣味噌醬的用途非常廣，除了可以做為涼拌使用，還
可用於醃肉，烤肉醬、炒年糕、炸雞醬、炒菜、炒飯等等。製
作辣味噌醬時，喜歡吃洋蔥絲帶有脆甜口感的人，可以選
擇不放入醬料裡，在盛盤時直接拌入即可。

超人氣的正宗韓味，一吃就上癮

155

常備菜

057
椒香魔芋

素

製作分量　4 人份

製作時間　20 分鐘

保存方式　密封冷藏 5 天

材料 //

蒟蒻塊．．．．．．．．．．280g
白芝麻．．．．．．．．．．少許

調味料 //

韓式辣椒粉．．．．．．．10g
綠胡椒粒．．．．．．．．5g
麻油．．．．．．．．．．15CC
醬油．．．．．．．．．．20CC
米酒．．．．．．．．．．50CC
糖．．．．．．．．．．．15g
水．．．．．．．．．．100CC

作法 //

1. 準備一鍋熱水，放入蒟蒻塊汆燙 4 分鐘，撈起，表面劃出菱形，再切成小方塊狀，備用。

2. 準備一炒鍋倒入麻油預熱，放入蒟蒻塊、韓式辣椒粉、綠胡椒粒，以中小火拌炒。

3. 加入醬油、米酒、糖及水煮滾、熄火、放涼，盛入容器中，放入冰箱冷藏 1 小時，取出，撒上白芝麻，即可食用。

主廚Tips

1. 醬料的鹹甜度可以依個人喜好的口味做些微調整，輕鬆滿足全家人的胃。
2. 魔芋也就是俗稱的蒟蒻，不只熱量低，容易有飽足感，吃多也不用怕胖哦！

蒟蒻吸附微嗆辣的醬汁，Q彈帶勁的好滋味

常備菜

058

酸辣杏鮑菇

素

製作分量	3 人份
製作時間	20 分鐘
保存方式	密封冷藏 5 天

材料 //

杏鮑菇................220g
薑絲................10g

調味料 //

醋汁辣醬.........100g

醋汁辣醬材料 //（作法詳見 P.37）

白醋 45g、鹽 10g、糖 50g、韓式辣椒粉 10g、熟白芝麻 5g

作法 //

① 杏鮑菇洗淨、切塊、放入平底鍋，加入少許的油煎（或烤）熟、放涼，備用。

② 杏鮑菇、薑絲、醋汁辣醬放入容器內拌勻。

③ 移入冰箱冷藏 1 小時以上，取出裝盤，即可食用。

主廚 Tips

若要判斷杏鮑菇是否已煎烤熟，檢查表面微出水表示已煮熟，不要過度烹調以免口感變老喔！

PART

2

歐美洲涼拌常備菜

GERMANY

德國
料理

CUISINE

德國地處歐洲大陸中心，平原地形面積廣大，屬於溫帶海洋性氣候，寬廣的田園與豐沛的水資源種植出各式農作物及畜產，飲食上以豬肉、洋芋、洋蔥、甘藍菜、紅蘿蔔、黑麥與小麥麵粉、啤酒及乳製品為常見食材。

德國人愛吃肉，尤以豬肉為主，同時也喜愛啤酒，「慕尼黑啤酒節」世界知名。代表性菜餚有：各式香腸、烤豬腳、洋芋沙拉、德式酸菜、德國布丁等等。

SPAIN

西班牙
料理

CUISINE

西班牙地形以高原為主，氣候多變。農業面積廣大，產物種類豐富，東南部的阿爾梅里亞省有「歐洲蔬菜之都」之稱。西班牙亦是葡萄酒及橄欖油的盛產國，飲食上以橄欖、玉米、稻米、蕃茄、葡萄、紅椒、豬肉、羊肉、牛肉、海鮮、乳酪及葡萄酒等食材為主。

西班牙小吃文化盛行，如各種臘腸、醃肉、馬鈴薯烘蛋、冷湯、伊比利火腿、海鮮飯、香蒜麵包湯、燉白豆、馬德里雜燴、烤羔羊肉，都是其代表性菜餚。

FRANCE 法國料理 CUISINE

法國位於歐洲西部，西臨大西洋，南部屬地中海氣候，冬季溫暖濕潤，夏季炎熱乾燥。主要以農牧業為主，中北部地區生產穀物、油料作物、蔬菜和甜菜；西部和中部山地產飼料作物；地中海沿岸和西南部地區則盛產葡萄等水果，因而葡萄酒也是法國飲食文化的指標。

法國主食主要是麵包、可頌和棍式麵包，其他具有特色的料理有：青蛙腿、燉雞、法國蝸牛、油封鴨。

ITALY 義大利料理 CUISINE

義大利地形狹長，因此氣候多種多樣，沿海地區的氣候隨海拔及地勢的改變而有大幅變化。由於南部氣候溫暖乾燥，適合橄欖樹生長，所以是橄欖油的主要產區，也盛產蕃茄與海鮮。此外，義大利因乳製品豐富，而常見於料理中，且善用香草和菇菌調味。

獵人燴雞、義大利雜菜湯、燉飯、牛肝菌義大利麵、卡布奇諾、提拉米蘇與義式肉腸皆為經典的義大利風味菜餚。

AMERICAN 美式料理 CUISINE

美國位於西半球，幅員廣大，地形多變化，屬各種溫帶氣候與亞熱帶氣候。美國原住民的烹飪方式和食材，如火雞、馬鈴薯、玉米、南瓜，這些都是美式料理中不可或缺的一部分。在十九世紀，歐洲人大量移民進美國，帶來了不少歐洲的飲食元素與食材，加之，美國為移民國家，陸續接收了各國的飲食文化，因此逐漸形成了自己的獨特風格。

美國具有特色的料理為：牛排、蘋果派、披薩餅、烤火雞、熱狗、漢堡、辣雞翅等等。

MEXICO 墨西哥料理 CUISINE

墨西哥土地面積廣大，具各種地形，因此也呈現熱帶沙漠、雨林、嚴寒等多樣氣候特性，夏熱冬冷。墨西哥為「玉米」與「辣椒」全球第一的產地，上百種風味以及色澤的辣椒，全匯集於墨西哥境內。

飲食文化融合了西班牙與印地安菜的風味，以玉米為主食，搭配各種辣椒調製而成的醬汁或肉類料理，如玉米餅、玉米脆餅、薄餅、各式莎莎醬、牛肉捲餅、鷹嘴豆泥、香辣牛肉燉豆等，皆為代表性菜餚。

涼拌菜

_059_
法式牛肉冷盤

製作分量　👤　4 人份

製作時間　🕐　30 分鐘

保存方式　🍽　當餐即食完畢

材料 //

牛菲力肉片 300g
美生菜絲 50g
蕃茄小丁 10g
蒜酥 . . . . 適量

調味料 //

鹽 . . . . 適量
黑胡椒粒 . . . . 適量
伍斯特芥籽醬 150g

伍斯特芥籽醬材料 //（作法詳見 P.38）

伍斯特醬（梅林辣醬油）10CC、
白酒 45CC、蘋果醋 30CC、
柳橙汁 30CC、檸檬汁 15CC、
法式第戎芥籽醬 15g、糖 5g

作法 //

① 牛菲力肉片，放在容器中，撒入鹽、黑胡椒粒調味。

② 美生菜絲用流動水沖洗 2 分鐘，撈起，放入冰水中冰鎮約 1 分鐘，瀝乾，備用。

③ 取一平底鍋加入油預熱，放入牛菲力肉片煎至 5 分熟，放入冰水中冰鎮約 1 分鐘，擦乾水分，備用。

④ 牛菲力肉片放入盤子中，擺上美生菜絲、蕃茄小丁、蒜酥，搭配伍斯特芥籽醬，即可食用。

主廚 Tips

1. 購買牛肉時可以選擇整塊的菲力，然後煎半生熟之後，切薄片，享受不同的風味。
2. 菲力牛即是牛腰內肉，肉質軟嫩、不油膩，是減肥者的首選之肉！

162

常備菜

060
香草蔬菜凍 素

製作分量		3 人份
製作時間		20 分鐘
保存方式		密封冷藏 3 天

材料 //

西芹	80g
紅蘿蔔	80g
青蒜	50g
蔬菜高湯	150g
吉利丁片	2 片
馬茲瑞拉乳酪	50g
蒔蘿草	5g

調味料 //

鹽	3g
白胡椒粒	3g

作法 //

① 西芹、紅蘿蔔、青蒜洗淨，切條；吉利丁片用冰水泡軟，備用。

② 蔬菜高湯倒入湯鍋，以中火煮沸，放入西芹、紅蘿蔔、青蒜煮熟，加入調味料拌勻，熄火，撈出蔬菜，加入吉利丁片拌勻，備用。

③ 西芹、紅蘿蔔、青蒜、馬茲瑞拉乳酪、蒔蘿草放入模型中，倒入蔬菜高湯，待其冷卻，移入冰箱冷藏 2 小時以上，取出，切片盛盤，即可食用。

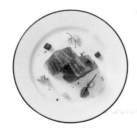

主廚 Tips

蔬菜與乳酪填入容器時，空間不要排列太過緊密，才能讓蔬菜高湯均勻分布在食材中，做出來的成品蔬菜層次較漂亮。

清甜蔬菜與香濃乳酪，
搭上香草風味鮮甜爽口

061

奶油冷鱸魚佐白酒油醋醬

涼拌菜

製作分量	2 人份
製作時間	30 分鐘
保存方式	當餐即食完畢

材料 //

鱸魚肉（魚菲力）......2 片
無鹽奶油............30g
美生菜絲.............60g
洋蔥絲..............30g
小蕃茄.............2 顆
蘿蔔嬰..............少許
黃甜椒丁............少許

調味料 //

鹽................適量
黑胡椒粒............適量
無鹽奶油............30g
白酒油醋醬..........80g

白酒油醋醬材料 //（作法詳見 P.38）

初榨橄欖油 50CC、白酒 25CC、
鳳梨醋 50CC、糖 15g、
鹽 2g、黑胡椒粉少許

作法 //

1. 鱸魚肉洗淨、擦乾水分，加入鹽、黑胡椒粒調味；小蕃茄、蘿蔔嬰洗淨，備用。

2. 取一平底鍋，轉中火，放入無鹽奶油，奶油稍微融化，放入鱸魚肉，以中火煎至熟。

3. 鱸魚放入冰水中冷卻，撈起，擦乾水分，斜切成兩半，備用。

4. 美生菜絲、洋蔥絲用流動的水沖淨，再放入冰水中冰鎮，撈出、瀝乾，備用。

5. 鱸魚片、美生菜絲、洋蔥絲擺入盤中；加入小蕃茄、蘿蔔嬰、黃甜椒丁，淋上白酒油醋醬，即可食用。

主廚 Tips

1. 大型超市可以買到現成鱸魚清肉真空包，可節省前置食材處理的動作。
2. 鱸魚肉也可選擇其他種類的白肉魚，但要挑選肉質細嫩較適合此道的料理方法。

鱸魚滑順柔嫩，入口沁出
白酒香氣與鳳梨醋的酸甜

常備菜

062

焦糖蘋果乳酪

製作分量　3 人份

製作時間　20 分鐘

保存方式　密封冷藏 3 天

材料 //

蘋果 150g
奶油乳酪 120g

調味料 //

細砂糖 50g
鹽 5g
白胡椒 0.5g
橄欖油 15g

作法 //

1　蘋果洗淨、去皮、切丁 ，備用。

2　準備一小湯鍋，加入蘋果丁、細砂糖煮至焦糖化、熄火，放涼，備用。

3　奶油乳酪切丁，放入容器中，加入鹽、白胡椒粉、橄欖油拌勻。

4　將作法 2、奶油乳酪丁放入盤中，即可食用。

主廚Tips

奶油乳酪質地細軟，從冰箱取出後應盡速
切好，避免在室溫下軟化，會不容易切的完
整漂亮，也會連帶影響口感。

絕配的好滋味！焦糖香的蘋果佐香濃的乳酪

常備菜

063
法式紅酒梨

製作分量 👤 4 人份
製作時間 🕐 1 小時
保存方式 🍽 密封冷藏 7 天

材料 //
西洋梨（或水梨）...2 顆

調味料 //
紅酒醬汁.........650g

紅酒醬汁材料 //(作法詳見 P.38)
紅酒 450CC、柳丁 1 顆、
檸檬 1 顆、砂糖 120g

超簡易版！非常令人
陶醉的酒紅色浪漫！

作法 //

1 西洋梨（或水梨）洗淨、削皮，去除果核。

2 取一小湯鍋，放入西洋梨、紅酒醬汁，以小火慢燉煮至軟，熄火，待涼。

3 裝入保鮮容器（含紅酒醬料），放入冰箱冷藏，待食用再取出，即成。

主廚 Tips

1. 西洋梨的產季在每年 8 ～ 12 月，但可依季節性的食材可更換成水梨，烹調方式皆相同。
2. 西洋梨也可以改成牛蕃茄（選擇熟成度硬一點），但建議以小火燉煮約 20 分鐘，即成。

064

鮭魚乳酪慕斯

製作分量　4 人份
製作時間　30 分鐘
保存方式　密封冷藏 5 天

每一口都洋溢著法式浪漫的饗宴
一次滿足飢餓的味蕾—

材料 //

煙燻鮭魚片	2 片
小黃瓜丁	1 條
黃甜椒丁	1/4 個
紅甜椒丁	1/4 個
卡夫菲力奶油乳酪	1 盒
烤好的法國麵包片（或蘇打餅乾）	2 片

調味料 //

| 洋蔥粉 | 5g |

作法 //

1. 煙燻鮭魚片，切小塊；小黃瓜丁、黃甜椒丁、紅甜椒丁，取紙巾擦乾水分。

2. 奶油乳酪放入容器中，用隔水加熱，並取打蛋器攪打至細滑狀，再加入洋蔥粉拌勻。

3. 加入煙燻鮭魚片、小黃瓜丁、黃甜椒丁、紅甜椒丁拌勻，取適量塗抹在烤好的法國麵包片（或蘇打餅乾）上，即可食用。

主廚 Tips

1. 製作抹醬時，務必要將小黃瓜丁、黃甜椒丁、紅甜椒丁擦乾水分，以免醬料容易變質。

2. 奶油乳酪用小火，以隔水加熱攪打成細泥狀，但也可直接用叉子壓碎乳酪，加入食材拌勻即成。

涼拌菜

065

義大利國旗沙拉

製作分量	3 人份
製作時間	20 分鐘
保存方式	當餐即食完畢

材料 //

蕃茄	80g
莫札瑞拉起司	80g
蘿勒葉	15g

調味料 //

鹽	5g
胡椒	0.5g
橄欖油	20g

作法 //

1. 蕃茄洗淨、切片；莫札瑞拉起司切片；蘿勒葉洗淨、切絲，備用。

2. 莫札瑞拉起司、蕃茄片依序擺入盤中，撒上鹽、胡椒、蘿勒葉，淋上橄欖油，即可食用。

主廚 Tips

蕃茄較易出水，製作完成後應盡速食用，以維持新鮮風味與口感。

涼拌菜

066

巴西里乃滋涼拌綜合海鮮

製作分量 👤 4 人份

製作時間 🕐 40 分鐘

保存方式 🍱 當餐即食完畢

材料 //

去殼鮮蝦	6 隻
中卷	1/2 隻
去殼扇貝	6 個
洋蔥丁	1/4 顆
西芹丁	1/4 條
小蕃茄片	適量

調味料 //

白酒	50CC
鹽	少許
巴西里美乃滋醬	270g

巴西里美乃滋醬材料 //（作法詳見 P.39）

無糖美乃滋 200g、三明治火腿丁 2 片、
新鮮巴西里末 15g、黑胡椒粉 5g

作法 //

1. 中卷去除內臟、內外膜、內殼，洗淨，切成圈狀；鮮蝦、扇貝洗淨，備用。

2. 取一鍋熱水放入白酒、鹽，加入鮮蝦、中卷、扇貝燙熟、撈出、放入冰水中冰鎮約 1 分鐘，擦乾水分，備用。

3. 鮮蝦、中卷、扇貝、洋蔥丁、西芹丁、小蕃茄片、巴西里美乃滋醬放入容器拌勻，盛入盤中，即可食用。

主廚 Tips

1. 海鮮可以依自己的喜好更換食材，美味的關鍵是食材都要處理乾淨，並且要擦乾水分，以免稀釋醬料的口感！
2. 醬料中的火腿可以選用真肉煙燻火腿，味道會更加濃郁美味可口。

涼拌菜

067
布切塔青醬蕃茄

製作分量		3 人份
製作時間		20 分鐘
保存方式		當餐即食完畢

材料 //

蕃茄．．．．．．．．．．．100g
洋蔥碎．．．．．．．．．．30g
法國吐司．．．．．．．．200g

調味料 //

松子青醬．．．．．．．．．60g

松子青醬材料 //（作法詳見 P.39）
松子 15g、蒜仁 15g、蘿勒葉 15g、鹽 5g、橄欖油 100g

作法 //

1 蕃茄洗淨、去蒂頭、切丁，加入洋蔥碎、松子青醬拌勻，備用。

2 法國吐司切片，放入烤箱加熱，取出，放入作法 1，即可食用。

主廚 Tips

蔬菜與青醬拌勻後應盡速食用完畢，
避免存放太久，流失風味與口感。

道地的義式風味，在舌尖綻放著馥郁芬芳的氣息，擄獲眾多饕客的味蕾。

常備菜

068

義式冷醬雞胸沙拉

製作分量　👤　4 人份

製作時間　🕐　30 分鐘

保存方式　🍲　密封冷藏 3 天

材料 //

雞胸肉..........2 塊
水煮蛋..........1 顆
黑橄欖片..........4 顆

調味料 //

鹽..............適量
蕃茄薄荷醬.......180g

蕃茄薄荷醬 //（作法詳見 P.39）

初榨橄欖油 60CC、去皮牛蕃茄罐頭(切碎)2 顆、
蒜末 8 顆、薄荷葉末 15g、鹽 5g、黑胡椒 2g

作法 //

1　準備一鍋滾水，放入鹽、雞胸肉煮熟，取出、放入冰水中冰鎮約 5 分鐘。

2　取出雞胸肉切斜片；水煮蛋去殼、切丁，備用。

3　雞胸肉片、水煮蛋丁放在盤子，淋上蕃茄薄荷醬，擺入黑橄欖片，即可食用。

主廚 Tips

雞胸肉不乾柴的星級飯店料理法：將雞胸肉放入滾
水中，等待肉質的體積縮小 1 公分，立即加蓋，熄火，
浸泡 15 分鐘（利用餘溫煮至熟嫩），如果沒有熟成，
則繼續加蓋燜著浸泡至熟。

涼拌菜

069
墨魚蔬菜沙拉

製作分量	👤	3 人份
製作時間	🕐	20 分鐘
保存方式	🍽	當餐即食完畢

材料 //

透抽	120g
蘿蔓生菜	80g
麵包丁	20g

調味料 //

白胡椒粉、鹽	各5g
白酒	20CC

淋醬（蕃茄莎莎醬）//

蕃茄	120g
洋蔥末	20g
蒜末	10g
蘿勒末	10g
檸檬汁	10CC
鹽	5g
黑胡椒粒	1g
橄欖油	20g

作法 //

1. 透抽去內臟、內外膜及內殼，洗淨，切成圈狀，加入白酒、白胡椒粉、鹽略醃，煎熟、放涼，備用。

2. 蘿蔓生菜洗淨，剝成適口大小，放入冰水中冰鎮約 2 分鐘、瀝乾水分，備用；麵包丁放入烤箱烤酥脆，備用。

3. 透抽、蘿蔓生菜放入盤中，搭配混合好的淋醬、麵包丁，即可享用。

主廚 Tips

製作完成後要盡速食用完畢，以維持蔬菜鮮脆與透抽的新鮮風味與口感。

Q彈爽脆加上酸香脆口，
清爽又開胃

涼拌菜

070
酪梨醬干貝

製作分量	👤	4 人份
製作時間	🕐	6 分鐘
保存方式	🍲	當餐即食完畢

讚不絕口的風味！
品嚐最濃郁滑嫩的輕食

材料 //

生食級大干貝 ...... 4 顆
橄欖油 10CC

調味料 //

酪梨優格醬 300g

酪梨優格醬材料 //（作法詳見 P.40）

熟透酪梨半顆、無糖優格 150g、
檸檬汁 1/2 顆、
蕃茄末 2 顆、鹽 2g

作法 //

1 大干貝用廚房紙巾擦乾水分，備用。

2 取一平底鍋倒入橄欖油熱鍋，轉中火，放入大干貝，兩面煎熟（或煎到自己想要的熟度）。

3 將大干貝擺入盤中，淋上酪梨醬，即可享用。

主廚 Tips

1. 煎干貝之前，一定要將干貝表面的水分吸乾，以免在煎煮時滲出水分，無法煎到焦脆。

2. 酪梨醬可以適用於各種汆燙的海鮮、菇類或麵包等變化料理。

芝麻乳酪脆餅沙拉

製作分量		4 人份
製作時間		10 分鐘
保存方式		當餐即食完畢

超級涮嘴的美味！
鹹酥薄脆搭配濃郁的起司香

材料 //

原味蘇打餅乾
或是 Ritz 蘇打餅 ... 適量

調味料 //

芝麻乳酪莎拉醬 .... 適量

芝麻乳酪沙拉醬材料 //
（作法詳見 P.40）

水煮蛋碎 3 顆、無糖美乃滋 20g、卡夫菲利奶油乳酪 15g、細蔥花 1/2 根、胡椒粉 1g、鹽 1g、白芝麻 3g、聖女小蕃茄片 2 顆、蒔蘿末 4 小朵

主廚Tips

作法 //

1　取一容器盛裝芝麻乳酪沙拉醬。

2　將蘇打餅乾放在大盤子上面，搭配芝麻乳酪沙拉醬沾食，即可享用。

製作芝麻乳酪沙拉醬，可先將冷藏中的奶油乳酪取出放在室溫，以隔水加熱（60 度），一邊加熱一邊攪拌（過程中請注意保持水溫），即可恢復滑順細緻的狀態，才能加入其他材料拌勻，即成。

常備菜

_072_

經典洋芋沙拉

製作分量	👤	4 人份
製作時間	🕐	20 分鐘
保存方式	🍲	密封冷藏 3 天

材料 //

水煮蛋 . . . . 2 顆
馬鈴薯 . . . . 2 顆
紅蘿蔔丁 . . . . 1 條

調味料 //

鹽 . . . . 少許
無糖美乃滋 150g

作法 //

1. 水煮蛋放入容中，用湯匙壓碎；馬鈴薯、紅蘿蔔分別洗淨，削皮、切丁，放入滾水中煮熟，取出，放涼，備用。

2. 將馬鈴薯分成 2 份，取一份用叉子壓成泥狀，放入容器中。

3. 加入水煮蛋、馬鈴薯丁、紅蘿蔔丁，放入鹽、無糖美乃滋拌勻，即可食用。

主廚 Tips

1. 鮮嫩水煮蛋的料理法：準備一鍋冷水，放入雞蛋，煮至水滾後熄火，蓋上鍋蓋燜 10 分鐘，即成。

2. 此道經典洋芋沙拉還可以做很多的延伸性，例如：加入蘋果塊、小黃瓜塊，吃起來口感更清爽喔！

減糖零負擔的超人氣經典沙拉！
簡單又好吃簡單又好吃

涼拌菜

_073_

白酒酸豆沙拉

製作分量	4 人份
製作時間	20 分鐘
保存方式	當餐即食完畢

材料 //

花椰菜	8 朵
美生菜片	50g
紫洋蔥絲	50g
小蕃茄	8 顆
玉米粒	50g

調味料 //

白酒酸豆醬	100g

白酒酸豆醬材料 //（作法詳見 P.40）

洋蔥碎 50g、培根末 20g、酸豆 15g、
白酒 20CC、陳年醋 20CC、橄欖油 60CC

作法 //

1. 準備一鍋熱水，放入花椰菜燙熟，撈出，放入冰水中冰鎮約 2 分鐘，取出，瀝乾水分，備用。

2. 美生菜片、紫洋蔥絲放入冰水中冰鎮約 2 分鐘，撈起，瀝乾水分；小蕃茄洗淨、去蒂頭，備用。

3. 全部的材料放入容器中，淋入白酒酸豆醬拌勻，即可食用。

主廚Tips

準備醬汁裡面的食材（酸豆）時，可以一半用炒的，留下另外一半壓碎成泥狀，再跟其它的醬料食材混合均勻，可以讓醬汁更多一種層次的口感。

開胃又健康！五彩繽紛的異國時蔬饗宴

涼拌菜

074
水果優格派對

製作分量　　3 人份

製作時間　　20 分鐘

保存方式　　當餐即食完畢

材料 //

香蕉..................60g
小蕃茄................60g
奇異果................1 顆
堅果..................20g
甜燕麥片..............20g

調味料 //

香橙優格醬............50g
檸檬優格醬............50g

香橙 & 檸檬優格醬材料 // (作法詳見 P.41)
柳橙 1 顆、檸檬 1 顆、細砂糖 40g、優格 100g

作法 //

1. 香蕉去皮、切塊；小蕃茄洗淨、去蒂頭，切半，備用。

2. 奇異果洗淨，去皮，切塊；堅果烘烤出香味，放涼，備用。

3. 香蕉、小蕃茄、奇異果放入容器中，搭配香橙優格醬、檸檬優格醬，
   加入堅果、甜燕麥片，即可享用。

主廚Tips

水果與優格的風味都有時效性，建議盡速食用完畢，
才能品嚐到食材最新鮮的口感。

大人小孩最愛的開胃點心！營養滿分，口感香甜又清爽

涼拌菜

075
田園蔬菜棒

製作分量	3 人份
製作時間	20 分鐘
保存方式	當餐即食完畢

材料 //

西芹	半支
小黃瓜	半條
紅蘿蔔	80g
黃甜椒	半顆
蘆筍	5 支

調味料 //

蜂蜜芥末咖哩醬	30g
檸檬花生醬	30g

蜂蜜芥末咖哩醬材料 //（作法詳見 P.41）
蜂蜜 15g、黃芥末醬 10g、咖哩粉 3g、美乃滋 50g
檸檬花生醬材料 //（作法詳見 P.41）
花生醬 15g、檸檬汁 5g、美乃滋 40g

作法 //

1. 全部的蔬菜分別洗淨、去皮、切條狀，備用。

2. 蘆筍放入滾水中汆燙至熟（約 2 分鐘），撈起，放入冰水中冰鎮，加入其餘的蔬菜一起冰鎮（約 5 分鐘），瀝乾水分，備用。

3. 將全部的蔬菜放入容器中，搭配蜂蜜芥末咖哩醬、檸檬花生醬，即可食用。

主廚 Tips

蔬菜棒的食材可依個人口味變化季節性盛產的蔬菜，例如：玉米筍、萵苣、蘋果等。

新鮮蔬菜沾上香氣濃郁的醬料，咀嚼釋出的甜味，超解膩

涼拌菜

_076_
鮪魚醬酒會小吃

製作分量　👤　3 人份

製作時間　🕐　20 分鐘

保存方式　🍽　當餐即食完畢

材料 //

雞蛋. . . . . 1 顆
蘋果. . . . . 1/4 顆
奇異果. . . . . 1/2 顆
吐司. . . . . 3 片

調味料 //

奶油. 20g
鹽. 3g
鮪魚醬. 150g

鮪魚醬材料 //（作法詳見 P.42）

鮪魚 1 罐、洋蔥末 40g、酸黃瓜末 50g、
美乃滋 60g、葡萄乾 20g、鹽 3g、白胡椒粉 1g

作法 //

① 雞蛋洗淨，煮熟、去殼、切片；蘋果洗淨，去皮、切片，浸泡鹽水；奇異果去皮，切片，備用。

② 吐司用壓模取小圓片，抹上奶油，放入烤箱，以 180 度略烤上色（約 2 分鐘），備用。

③ 吐司放入盤中，分別加入適量的鮪魚醬、水煮蛋、蘋果丁、奇異果丁，即可食用。

主廚 Tips

新鮮水果切好之後，應盡快製作完成並食用，
以維持新鮮的風味，避免食材流失營養成分。

超人氣的聚會小點心！

香濃鮪魚醬搭配酥烤吐司，

療癒人心的好滋味

193

涼拌菜

077

蟹肉蘋果沙拉

清爽又好滿足！
每天吃不膩的簡單料理

製作分量	4 人份
製作時間	15 分鐘
保存方式	當餐即食完畢

材料 //

蟹腿肉	200g
蘋果丁	1 顆
葡萄乾	30g

調味料 //

蜂蜜蘋果油醋醬	50g

蜂蜜蘋果油醋醬材料 //（作法詳見 P.42）
蜂蜜 10CC、黃芥末醬 10CC、橄欖油 15CC、
蘋果醋 10CC、鹽 2g、黑胡椒 3g

作法 //

1. 蟹腿肉洗淨，擦乾水分；蘋果丁浸泡鹽水，瀝乾水分，備用。
2. 準備一鍋熱水，放入蟹腿肉燙熟，放入冰水中冰鎮約 2 分鐘，取出，瀝乾水分，備用。
3. 蟹腿肉、蘋果丁放入盤中，加入蜂蜜蘋果油醋醬、葡萄乾拌勻，即可食用。

主廚 Tips

1. 蘋果也可以換成柳丁或是葡萄，可增添色澤及口感的美味層次！
2. 蜂蜜蘋果油醋醬也適用於蔬果類、海鮮類、根莖類或生菜類做變化料理哦！

078

雙瓜雪花牛肉片

製作分量 👤 4 人份

製作時間 🕐 30 分鐘

保存方式 🍽 當餐即食完畢

醬汁

讓人食指大動！
美味關鍵是滿足味蕾的

材料 //

雪花牛肉片 200g

調味料 //

雙瓜醬 200g

雙瓜醬 // (作法詳見 P.14)

南瓜片 1/2 顆、酸黃瓜末 2 條、
紫洋蔥末 1/2 個、
無糖美乃滋 100g、
黑胡椒粒 3g

主廚 Tips

作法 //

1 準備一鍋熱水，放入雪花牛肉片汆燙（約
  5 分熟），取出，放入冰水中待涼，取出，
  瀝乾水分，備用。

2 雪花牛肉片放入盤中，搭配美式雙瓜醬，
  即可食用。

1. 雪花牛肉片可依個人喜好的口感調
   整熟度，或更換其他帶有油脂的肉
   片，例如培根牛、沙朗牛等。

2. 美式雙瓜醬中使用的南瓜，也可以
   保留皮的部分一起攪打成泥，更能
   攝取食材完整的營養素。

涼拌菜

_079_
墨西哥辣椒莎莎脆餅

製作分量　👤　3 人份
製作時間　🕐　20 分鐘
保存方式　🍽　當餐即食完畢

材料 //

玉米片（或洋芋）...2 顆

調味料 //

鹽.............................5g
白胡椒粉...................1g
墨西哥辣椒莎莎醬...60g

墨西哥辣椒莎莎醬 //（作法詳見 P.43）
墨西哥辣椒 50g、蕃茄 50g、洋蔥末 20g、
香菜末 10g、檸檬汁 10g、鹽 5g、橄欖油 20g

作法 //

1. 玉米片包裝拆開，取一個空盤，將玉米片倒入盤中。

2. 若是使用洋芋，先洗淨，去皮，切薄片，放入油炸鍋（以中大火加熱至 180 度），放入洋芋片炸至金黃酥脆，撈起，放在吸油紙上面，再均勻撒上鹽、白胡椒粉。

3. 將墨西哥辣椒莎莎醬放入容器中，搭配玉米片（或洋芋片），即可享用。

主廚 Tips

油炸洋芋片的小秘訣是將洋芋片盡量切的又薄又透，就能使用高油溫，快速炸的香酥又脆口，品嚐食材真原味的健康好味道。

196

大人小孩都愛吃不停手！
酥脆的洋芋片搭上超涮嘴的好滋味

涼拌菜

080
鳳梨燻鮭魚墨西哥餅

製作分量　👤　3 人份

製作時間　🕐　20 分鐘

保存方式　🍽　當餐即食完畢

材料 //

雞蛋..............3 顆
墨西哥捲餅皮......4 片
美生菜絲.........適量
煙燻鮭魚片........8 片

調味料 //

鳳梨莎莎醬........500g

鳳梨莎莎醬材料 //（作法詳見 P.43）

牛蕃茄 3 顆、鳳梨小丁 1/4 顆、洋蔥末 1/2、蒜末 3 瓣、
辣椒末 1 根、醬油 15CC、檸檬汁 15CC、橄欖油 15CC、糖 5g、香菜末 2g

作法 //

1. 將雞蛋打散成蛋液，取一平底鍋倒入油預熱，轉小火分次倒入蛋液，煎成蛋皮，取出，放涼，切絲，備用。

2. 墨西哥捲餅皮噴濕，放入烤箱烤熱，取出。取一片墨西哥捲餅皮攤平，放入適量的雞蛋絲、美生菜絲、煙燻鮭魚片。

3. 加入適量的鳳梨莎莎醬，捲成春捲狀，依序全部完成，對切，放入盤中，即可食用。

主廚 Tips

嫩蛋皮的煎法：平底鍋倒入油，中火加熱，將油倒出來，取廚房紙巾擦掉多餘的油，轉小火加熱，倒入適量的蛋液（內鍋邊用廚房紙巾刷少許油），以小火慢煎至蛋皮煎至七分熟，蓋鍋蓋煎至熟成。

色香味俱全的鮮蔬捲，營養滿分！

涼拌菜

<u>081</u>

蕃茄鮮蝦藜麥

製作分量 3 人份

製作時間 20 分鐘

保存方式 密封冷藏 2 天

材料 //

鮮蝦	200g
藜麥	50g
蕃茄	80g
橄欖油	20g
洋蔥末	20g
香菜末	20g
辣椒末	10g

調味料 //

鹽	5g
檸檬汁	20g

作法 //

① 鮮蝦洗淨、剪鬚、去腸泥、燙熟、去殼；蕃茄洗淨、去蒂頭、去皮、去籽、切丁，備用。

② 藜麥洗淨、放入電鍋中（藜麥：水=1：2）煮熟、放涼，取出，備用。

③ 全部的材料及調味料放入容器中拌勻，盛入盤中，即可食用。

主廚 Tips

使用藜麥做成涼拌材料時，須先煮熟，水量要比藜麥略多（約 2 倍），與平常煮飯作法相同，以「煮＋燜」的方式來烹煮，才能煮出 Q 軟的口感。

天然的果香結合絕配的鮮嫩蝦，
好吃又營養加倍

涼拌菜

_082_
酸辣醬洋芋片

欲罷不能的墨西哥點心！
酸辣帶勁，超滿足！

製作分量	2 人份
製作時間	5 分鐘
保存方式	密封冷藏 3 天

材料 //
原味洋芋片（或玉米片）....1 包

調味料 //
墨西哥酸辣醬 290g

墨西哥酸辣醬材料 //（作法詳見 P.43）
初榨橄欖油 15CC、蘋果醋 15CC、牛蕃茄丁 2 顆、洋蔥末 1 顆、蒜末 5 顆、
紅辣椒末 3 條、香菜末 10g、俄力岡香料 5g、鹽 5g、黑胡椒粒 3g

作法 //
① 將洋芋片（或玉米片）倒入大碗中；墨西哥酸辣醬放入容器中。
② 取洋芋片搭配墨西哥酸辣醬沾食，即可享用。

主廚 Tips

1. 墨西哥酸辣醬中的材料，建議盡量用手切成相同比例的大小，口感會比較均勻好入口！
2. 墨西哥酸辣醬也可以搭配冷麵食用，例如天使細麵、日式蕎麥麵、韓式冬粉做變化料理。

涼拌菜

083

脆餅甜椒乳酪

香濃又酥脆 令人一口接一口

欲罷不能的好滋味！

製作分量	👤	3 人份
製作時間	🕐	20 分鐘
保存方式	🍽	當餐即食完畢

材料 //

墨西哥餅皮 . . . . 2 張

調味料 //

甜椒乳酪醬 100g

甜椒乳酪醬材料 //
（作法詳見 P.44）

紅甜椒半顆、奶油乳酪 60g、
洋蔥末 20g、蒜末 10g、
檸檬汁 15g、鹽 5g、
橄欖油 20g

作法 //

1. 墨西哥餅皮放入烤箱，加熱至 160 ～ 180 度，
   烤酥脆後（約 10 分鐘）取出，放涼，備用。
2. 墨西哥餅皮剝小塊放入盤中，搭配香濃的甜椒乳
   酪醬，即可食用。

主廚 Tips

墨西哥餅皮烘烤要略微中低溫、長
時間，以達香、酥、脆口感及風味。

203

常備菜

084
涼拌墨西哥烤雞

製作分量　　　4 人份

製作時間　　🕐　2 小時 30 分鐘

保存方式　　🍽️　密封冷藏 3 天

材料 //

雞胸肉	1 片

醃料 //

洋蔥末	1/2 顆
Tabasco、蕃茄醬	各30g
醬油	15CC
鹽、孜然粉	各5g
糖	10g
水	50CC
柳橙汁	150CC
辣椒	1 支

調味料 //

涼拌烤雞辣醬	240g

涼拌烤雞辣醬材料 //（作法詳見 P.44）

香菜末 60g、去皮蕃茄小丁 8 顆、
迷你油漬小洋蔥末 2 個、蒜末 2 顆、
去籽辣椒末 2 支、
檸檬汁 2 顆、
黑胡椒 4g、
鹽 2g

作法 //

1. 雞胸肉洗淨，放入容器中，加入全部的醃料塗抹均勻，移入冰箱冷藏 2 小時待入味；烤箱預熱。

2. 取出雞胸肉，移入烤箱，以 230 度烘烤 15 ～ 20 分鐘至熟，取出，切片，備用。

3. 雞胸肉片鋪於盤上，搭配涼拌烤雞辣醬，即可食用。

主廚 Tips

1. 雞胸肉可改換成去骨雞腿肉、梅花豬肉、松阪肉等變化。
2. 此道可以搭配烤的玉米、櫛瓜、甜椒、美國馬鈴薯、汆燙的
   青花椰菜、蘆筍及可生食的蘿蔓生菜、小黃瓜、酪梨等。

完全不藏私的醃料配方，
傳授超嫩多汁的料理技巧

常備菜

085
酸菜豬腳

製作分量 3 人份
製作時間 2.5 小時
保存方式 密封冷藏 3 天

材料 A//

豬腳	1000g
芥末醬	10g
芥末籽醬	10g

材料 B//

高湯	5000CC
紅蘿蔔塊	50g
洋蔥塊	50g
西芹塊	50g
青蒜段	50g

材料 C//

月桂葉	1 片
洋蔥絲	50g
高麗菜絲	150g

調味料 A//

月桂葉	2 片
黑胡椒粒	5g
杜松子	3g
丁香	3g
白酒	100g
鹽	25g

調味料 B//

白酒醋	20g
白胡椒粉	1g
鹽	適量

作法 //

1. 豬腳洗淨，汆燙，去毛，備用。

2. 準備一湯鍋，放入豬腳、材料 B 及調味料 A，燉煮 1 個半小時至熟軟，取出、瀝乾，備用。

3. 豬腳放入烤箱，以 180 度烤成金黃色（約 30 分鐘），取出，切塊、放涼，備用。

4. 取一平底鍋倒入橄欖油預熱，放入材料 C 的月桂葉、洋蔥絲炒香，再加入高麗菜絲炒軟，用調味料 B 調味，放涼，即成酸菜。

5. 豬腳、酸菜、芥末醬、芥末籽醬放入盤中，即可上桌享用。

主廚 Tips

烹煮豬腳用的高湯味道要略重，尤其鹹度要夠，這是為了讓煮好的豬腳即使再經過烘烤或油炸後，味道足夠，但也必須掌握好調味的比例，以免味道過鹹，反而會破壞整體的口感。

超經典的德國味！咔滋的脆皮＋酸菜，美味指數爆表

涼拌菜

086
德式香腸沙拉

製作分量　👤　4 人份

製作時間　🕐　15 分鐘

保存方式　🍲　當餐即食完畢

材料 //

德式香腸	5 條
水煮蛋	3 顆
小蕃茄	8 顆
鳳梨、柑橘	
（季節水果皆可）	少許
奇異果	2 顆
水耕萵苣	2 把
黑橄欖	6 顆
高達起司	適量

調味料 //

蒜泥優格醬 160g

蒜泥優格醬材料 //（作法詳見 P.44）

蒜泥 15g、無糖優格 45g、
無糖美乃滋 100g

作法 //

① 德式香腸放入電鍋蒸熟（或水煮），放涼，切片；水煮蛋剝殼，切塊，備用。

② 小蕃茄洗淨、去蒂頭；鳳梨、柑橘、奇異果洗淨、去皮、切小塊，備用。

③ 水耕萵苣洗淨，撕成小塊；黑橄欖切片；高達起司撕成小片。

④ 將全部的材料放入容器中，搭配蒜泥優格醬，即可食用。

主廚 Tips

此道的生菜沙拉材料可以替換成自己喜愛的食材，但是
如果要使用白肉類、海鮮類，建議用汆燙熟成，比較搭配
蒜泥優格醬哦！

早午餐最速配的輕食！
輕爽無負擔又有飽足感

常備菜

087

涼拌洋芋火腿

製作分量　👤　3 人份

製作時間　🕐　20 分鐘

保存方式　🍲　密封冷藏 3 天

材料 //

洋芋	2 顆
雞蛋	2 顆
德式火腿	100g
洋蔥末	40g
蒜末	30g
西芹絲	30g
青蒜絲	30g

調味料 //

鹽	10g
芥末醬	2g
黑胡椒	3g
橄欖油	15g

作法 //

1. 洋芋煮熟、去皮、切塊；雞蛋煮熟、去殼、切塊；德式火腿切塊，備用。

2. 洋芋、雞蛋、德式火腿、洋蔥末、蒜末、西芹絲、放入容器中。

3. 加入全部的調味料拌勻，盛入盤中，擺上青蒜絲，即可享用。

主廚 Tips

洋芋要確實煮透、鬆軟，以呈現良好口感與風味。

懶人最愛吃的快速料理！
簡單又美味，一小碗的滿足感

涼拌菜

088

蕃茄優格洋蔥鮭魚

製作分量		4 人份
製作時間		10 分鐘
保存方式		當餐即食完畢

材料 //

紫洋蔥絲	100g
煙燻鮭魚片	8 片
葡萄乾	8 顆
巴西里末	少許

調味料 //

蕃茄優格醬	360g

蕃茄優格醬材料 //（作法詳見 P.45）
無糖美乃滋 200g、無糖優格 100g、去籽紅蕃茄碎丁 1 顆

作法 //

① 紫洋蔥絲浸泡冷水 5 分鐘（去除辣味），瀝乾水分，備用。

② 取一片燻鮭魚片攤平，加入適量的紫洋蔥絲捲起來，依序全部完成，放到盤子中。

③ 淋入蕃茄優格醬，放入葡萄乾、巴西里末，即可食用。

主廚 Tips

1. 紫洋蔥可以改用生菜絲、蘆筍、小黃瓜絲或蘋果條加奇異果等變化料理。
2. 紫洋蔥與一般的洋蔥的味道差異在口感較不辣。

低卡又清爽的好滋味，結合燻鮭魚片更美味

常備菜

089
洋蔥冷派

製作分量　　3 人份

製作時間　🕐　20 分鐘

保存方式　🍽️　密封冷藏 3 天

材料 //

麵團

過篩的高筋麵粉	50g
過篩的低筋麵粉	90g
軟化奶油	90g
冰水	40g
鹽	2g

餡料

橄欖油	15g
德式火腿丁	50g
洋蔥丁	180g
優格	50g
酸奶	10g
雞蛋	1 顆

調味料 //

鹽	8g
葛縷子	0.3g
白胡椒粉	0.2g

作法 //

1. 將麵團材料揉拌為均勻麵團，用布（或保鮮膜）覆蓋，放入冰箱冷藏約 30 分鐘，備用。

2. 取一炒鍋倒入橄欖油預熱，放入火腿丁炒香，再加入洋蔥丁炒軟、盛入容器中，放涼，加入優格、酸奶、雞蛋、鹽、葛縷子、白胡椒粉拌勻，即成餡料。

3. 醒好的麵團用**擀**麵棍**擀**成圓片狀，鋪在派盤上，塑型。用叉子在派皮上刺小孔，在派上鋪烘焙紙，放上米或豆子壓住（避免派皮遇熱膨脹），放入已預熱 180 度的烤箱，烤約 15 分鐘後取出。

4. 將作法 2 倒入派皮中，放入已預熱 180 度的烤箱烤 20 分鐘，取出，放涼，切成 4 等分，盛盤，即可食用。

主廚 Tips

也可選擇不同香料來調味，如：葛縷子、荳蔻或其他香草，或是可以嘗試混搭，能呈現不同風味。

香甜洋蔥結合在爽口香濃的餡料，
酥脆派皮多層次的滿足感

涼拌菜

090
酸奶黃瓜蛋沙拉

製作分量　👤　3 人份

製作時間　🕐　10 分鐘

保存方式　🍽　當餐即食完畢

材料 //

水煮蛋. . . . . 3 顆
小黃瓜. . . . . 2 條

調味料 //

酸奶醬. 160g

酸奶醬材料 //（作法詳見 P.45）

蒔蘿末 10g、蔥白絲 2 根、蒜末 10g、去籽辣椒末 1 條、
優酪乳 100g、橄欖油 30CC、檸檬汁 5CC、鹽 1g、胡椒 1g

作法 //

① 水煮蛋去殼、切片；小黃瓜洗淨、用削皮刀刮除表面的皮（約 4 條）、切片。

② 全部的材料放入容器中，加入酸奶醬拌勻，即可食用。

主廚 Tips

小黃瓜的表皮含有營養素，但入口會有些微的澀
味，若是完全削掉表皮較可惜，所以只要取削皮
刀輕輕刮下 4 條即成。

口中瀰漫著蒔蘿的香氣，
冰涼香脆的好滋味

涼拌菜

091

鰻魚洋蔥烤茄子

 製作分量　3 人份

 製作時間　20 分鐘

 保存方式　當餐即食完畢

材料 //

茄子	1 條
橄欖油	少許
軟法麵包片	1 條
黑橄欖	適量
小蕃茄	適量

調味料 //

鰻魚紅醋醬	140g

鰻魚紅醋醬材料 //（作法詳見 P.45）

鰻魚泥 6 條、洋蔥末 1 顆、百里香末 3g、陳年醋 20CC、紅肉李醋 20CC

作法 //

① 茄子洗淨，斜切成片，擺入烤盤，在切面均勻刷上橄欖油，放入烤箱（已預熱
　210 度），烤約 3 分鐘後取出，備用。

② 軟法麵包片放入烤箱加熱，取出，放涼；黑橄欖切片；小蕃茄洗淨、切片備用。

③ 軟法麵包排入盤中，分別放入適量的鰻魚紅醋醬、茄子、黑橄欖、小蕃茄，即
　可食用。

主廚 Tips

1. 茄子表面刷一層油再烤，口感會更好吃，或者也可
　以改刷香料油！
2. 鰻魚一定要壓成泥以後切碎，不然味道與口感無法
　融入到醬汁裡面。

常備菜

092 蒜香檸檬蝦

製作分量 3 人份

製作時間 20 分鐘

保存方式 密封冷藏 3 天

材料 //

蝦子	250g
檸檬	1 顆
蒜末	30g
乾辣椒末	10g
奶油	20g
巴西里末	5g

調味料 //

白酒	20g
鹽	10g

作法 //

1. 蝦子洗淨、剪鬚、去腸泥；檸檬擠汁，備用。

2. 取一平底鍋倒入橄欖油預熱，放蒜末、乾辣椒末炒香，再加入蝦子拌炒，倒入白酒煮滾入味，熄火。

3. 放入奶油、巴西里末拌炒均勻，再加入檸檬汁、鹽調味，移入冰箱冷藏至冰涼，盛入盤中，即可食用。

主廚 Tips

在最後調味步驟時可先熄火再調味，
才能留住檸檬香氣與營養成分。

蒜香結合檸檬清新的滋味
提升鮮蝦美味的口感

涼拌菜

093

西班牙辣黃瓜肉捲

製作分量	👤	4 人份
製作時間	🕐	30 分鐘
保存方式	🍽	密封冷藏 2 天

材料 //

小黃瓜 .... 2 根
豬五花肉片（火鍋用薄片） 1 盒
白芝麻 .... 少許
辣椒粉 .... 少許

調味料 //

西班牙辣醬 80g

西班牙辣醬材料 //（作法詳見 P.46）
醬油 45CC、辣霸（TABASCO）4 滴、
義式綜合香料 5g、蔥末 15g、蒜末 5g、辣椒粉 5g

作法 //

① 小黃瓜洗淨，用削皮刀縱向削成長條狀，備用。

② 準備一鍋熱水，放入豬五花肉片汆燙（一片片燙熱可保持平面狀），放入冰水中冰鎮約 1 分鐘，撈出，瀝乾水分，備用。

③ 取小黃瓜片三片攤平（重疊擺放），放入一片豬五花肉片，捲成圓柱狀，依序全部完成，擺入盤中，撒上白芝麻、辣椒粉，淋入西班牙辣醬，即可食用。

主廚 Tips

1. 小黃瓜一定要削成薄片，軟度夠才能順利捲起來，避免削太厚會容易斷裂。
2. 豬五花肉片也可以依個人口味改成雪花牛肉片、燻鮭魚片或鮮蝦等變化料理。

二種食材的美味組合！爽快又帶勁，按讚指數高

常備菜

094

蒜辣白酒小卷

製作分量　👤　3 人份

製作時間　🕐　20 分鐘

保存方式　🍽　密封冷藏 5 天

香鹹鮮辣的好滋味，搭配一口冰啤酒、美味滿溢

材料 //

小卷	150g
蒜末	30g
乾辣椒末	10g
蘿勒絲	15g

調味料 //

白酒	30g
鹽	適量

作法 //

1. 小卷洗淨，備用。取一炒鍋倒入橄欖油預熱，加入蒜末、乾辣椒末炒香。

2. 加入小卷炒熟，放入蘿勒絲拌炒均勻，倒入白酒煮至收汁入味。

3. 加入鹽調味，盛入盤中，待冷卻，移入冰箱冷藏室冰涼，取出，即可食用。

主廚 Tips

西班牙式小吃風味略重適合下酒，調味上可依個人喜好做調整。

_095_

鮮魚蘑菇鑲蛋

製作分量		3 人份
製作時間		20 分鐘
保存方式		密封冷藏 2 天

香辣鮮美的蘑菇魚餡，蘊藏水煮蛋香

感動的好滋味！

材料 //

雞蛋	3 顆
魚肉	100g
蘑菇片	50g
蒜末	20g
乾辣椒末	5g
帕瑪森起司	50g

調味料 //

白酒	30g
鹽	5g
白胡椒粉	1g

作法 //

1. 雞蛋煮熟、去殼、切半，備用。

2. 取一平底鍋倒入橄欖油加熱，放入蒜末、乾辣椒末炒香，加入蘑菇片、魚肉拌炒，倒入白酒煮至收汁入味，關火。

3. 撒入鹽、白胡椒粉、帕瑪森起司拌勻，即成鮮魚蘑菇餡。

4. 取適量的鮮魚蘑菇餡，放在雞蛋上面，依序全部完成，即可享用。

主廚Tips

此道食材有蛋、菇菌蔬菜與海鮮，因此在備菜過程及上菜後，要注意溫度，才能維持食材的新鮮風味及衛生安全。

涼拌菜

096

薑黃優格透抽冷盤

製作分量		3 人份
製作時間		30 分鐘
保存方式		當餐即食完畢

材料 //

透抽	1 尾
薑片	2 片
鹽	少許
白酒	少許

調味料 //

薑黃優格醬	170g

薑黃優格醬材料 //（作法詳見 P.46）

薑黃粉 15g、無糖美乃滋 50g、原味優格 100g、
蜂蜜 5CC、鹽 1g、白胡椒 1g

作法 //

① 透抽洗淨，去除內臟、內殼、內外膜，切除眼睛，再用清水沖淨，切片，備用。

② 準備一鍋熱水，加入薑片、鹽、白酒煮滾，放入透抽燙熟，撈出，放入冰水中
冰鎮約 2 分鐘，擦乾水分，備用。

③ 透抽放入容器中，拌入薑黃優格醬，即可食用。

主廚 Tips

1. 透抽放入熱水中不要煮太久，可以放入後立即熄火，
利用餘溫使其熟成。

2. 冰鎮透抽時，需要溫度很低的冰塊水，放入透抽冷
卻可立即撈起，以免流失透抽的甜分。

鮮嫩又Q彈，愈吃愈窈窕！
簡單煮，滿足饕客的胃

涼拌菜

097

羅勒起司淡菜

製作分量　👤　3 人份

製作時間　🕐　20 分鐘

保存方式　🍽　當餐即食完畢

材料 //

淡菜 .... 8 顆
烤過的法式麵包片 .... 8 片
卡門貝爾起司 .... 6 片

調味料 //

羅勒起司醬 230g

羅勒起司醬材料 //（作法詳見 P.46）

羅勒葉 2 大把、大蒜 3 瓣、橄欖油 120CC、海鹽 2g、
黑胡椒 2g、帕馬森起司粉 60g、檸檬汁 1/4 顆

作法 //

① 淡菜用流動的清水沖洗，清除足絲。

② 準備一鍋滾水，放入淡菜燙熟，熄火，撈出，瀝乾水分，放涼，剝除硬殼。

③ 法式麵包片擺入盤中，加入淡菜、羅勒起司醬、卡門貝爾起司，即可食用。

主廚 Tips

如果覺得卡門貝爾起司味道太重，
可以換成「笑牛起司」，口感會比較清爽。

雙重口味的享受！
散發著海洋與
香料融合的好滋味

常備菜

098
羅美斯扣醬料雞肉沙拉

製作分量　　3 人份

製作時間　　20 分鐘

保存方式　　密封冷藏 5 天

材料 //

雞胸肉	200g
青花菜	50g
玉米筍	50g
小蕃茄	30g

調味料 //

鹽	8g
白酒	10g
白胡椒粉	1g
橄欖油	10g
羅美絲蔻醬	60g

羅美絲蔻醬材料 //（作法詳見 P.47）

紅甜椒半顆、蕃茄半顆、蒜頭 2 瓣、
烤法國麵包丁、烤杏仁 15g、
橄欖油 20g、白酒醋 15g、
鹽 5g、乾辣椒末 5g

作法 //

1　雞胸肉洗淨、擦乾，加入鹽 4g、白酒、少許的白胡椒粉略醃，放入烤箱以 210
　　度烤約 10 分鐘至熟，取出，切片，備用。

2　青花菜去硬皮、切小朵、用流動清水洗淨；玉米筍、小蕃茄洗淨，備用。

3　將青花菜、玉米筍放入容器內，加入鹽 4g、少許的白胡椒粉、橄欖油拌勻，放
　　入鍋中蒸煮至熟，取出，放涼。

4　雞胸肉、青花菜、玉米筍、小蕃茄放入盤中，搭配羅美絲蔻醬，即可享用。

主廚 Tips

雞胸肉與蔬菜的營養成分十分豐富，因此須注意烹煮
時間與火候，避免營養流失，並在菜餚完成後盡快食
用完畢，以品嚐新鮮風味。

咬一口絕對會愛上它！
鮮美的蔬食風搭配柔嫩的烤鮮雞

涼拌菜

099
起司花椰綠醬中卷

製作分量　　👤　4～6 人份

製作時間　　🕐　30 分鐘

保存方式　　🍽　當餐即食完畢

材料 //

中卷	1 隻
薑片	2 片
白酒	30CC
烤過的法式軟麵包	8 片
起司片（撕小片）	3 片

調味料 //

義大利綜合香料	少許
花椰綠醬	200g

花椰綠醬材料 //（作法詳見 P.47）
花椰菜 200g、鹽 1g、黑胡椒粒 1g

作法 //

1. 中卷洗淨，去除內臟、內殼、內外膜，切除眼睛，再用清水沖淨，切片，備用。

2. 準備一鍋熱水加入薑片、白酒，放入中卷汆燙至熟，撈出，放入冰水中冰鎮約 2 分鐘，擦乾水分，切成圓圈狀，備用。

3. 法式軟麵包片擺入盤中，放上起司片、中卷、花椰綠醬，撒上義大利綜合香料，即可食用。

主廚 Tips

1. 此道也可以增加適量的小蕃茄片、黑橄欖，提升視覺的美感及增加食材層次的味道。
2. 中卷切割可以先處理身體部位，先將鰭切分，其餘切成圈，頭足則以 2～3 根為一單位切開。

無法抗拒的歐陸輕食！
週休假日、小酌聚會就靠它

涼拌菜

_100_
油漬海鮮麵包

製作分量	4 人份
製作時間	30 分鐘
保存方式	當餐即食完畢

材料 //

鮮蝦 .... 6 隻
透抽 .... 1 尾
烤過的法國麵包 .... 6 片

調味料 //

油漬布里醬 60g

油漬布里醬材料 //（作法詳見 P.47）
酸豆泥 6 顆、黑橄欖片 4 顆、新鮮巴西里末 30g、蒜泥 3 瓣、
黃檸檬皮少許、黃檸檬汁 1 顆、鹽 1g、初榨橄欖油 5CC、黑胡椒 1g

作法 //

① 鮮蝦洗淨，剝取蝦肉，去腸泥；透抽洗淨，去除表皮的外膜、內殼及內臟，切圈狀，備用。

② 準備一鍋熱水，放入鮮蝦、透抽汆燙至熟，撈出，放入冰水中冰鎮約 2 分鐘，擦乾水分，備用。

③ 鮮蝦、透抽、油漬醬放入容器中拌勻，備用。

④ 法國麵包擺入盤中，放上奶油萵苣、作法 3，即可食用。

主廚 Tips

1. 製作油漬涼拌類的開胃菜，建議選擇初榨橄欖油，更能品嚐到食材鮮美的口感。

2. 此道也可以增加適量的奶油萵苣、酸豆、小蕃茄片、黑橄欖，提升視覺的美感及增加食材層次的味道。

秒殺清空的超級美食！
風味獨俱的地中海料理

Family健康飲食44X
《一次學會100道世界美味涼拌常備菜》【暢銷修訂版】

作　　　　者	黃經典、葉光涵
選　書　人	陳玉春
主　　　編	陳玉春
協　力　編　輯	張婉玲

行　銷　經　理	王維君
業　務　經　理	羅越華
總　　編　　輯	林小鈴
發　　行　　人	何飛鵬

出　　　　版	原水文化
	115臺北市南港區昆陽街16號4樓
	電話：02-25007008　傳真：02-25027676
	網址：http://citeh2o.pixnet.net/blog　E-mail：H2O@cite.com.tw
發　　　　行	英屬蓋曼群島商家庭傳媒股份有限公司城邦分公司
	115台北市南港區昆陽街16號5樓
	書蟲客服服務專線：02-25007718‧02-25007719
	24 小時傳真服務：02-25001990‧02-25001991
	服務時間：週一至週五09：30-12：00‧13：30-17：00
	郵撥帳號：19863813　戶名：書蟲股份有限公司
	讀者服務信箱 email：service@readingclub.com.tw
香 港 發 行 所	香港發行所／城邦（香港）出版集團有限公司
	地址：香港九龍土瓜灣土瓜灣道86號順聯工業大廈6樓A室
	email：hkcite@biznetvigator.com
	電話：(852)25086231　傳真：(852) 25789337
馬 新 發 行 所	馬新發行所／城邦（馬新）出版集團 Cite (M) Sdn Bhd
	41, Jalan Radin Anum, Bandar Baru Sri Petaling,
	57000 Kuala Lumpur, Malaysia.
	電話：(603)90563833　傳真：(603)90576622
	電郵：services@cite.my

內　頁　設　計	綵綵生活工作室
封　面　設　計	許丁文
攝　　　　影	徐榕志（子宇影像工作室）
食 譜 攝 影 助 理	林佳儀
製　版　印　刷	科億資訊科技有限公司
初　　　版	2019年10月1日
二　版　一　刷	2022年1月13日
二　版　二　刷	2024年7月23日
定　　　價	500元

國家圖書館出版品預行編目(CIP)資料

一次學會100道世界美味涼拌常備菜【暢銷修訂
版】/黃經典, 葉光涵合著. -- 二版. -- 臺北市：原水
文化出版：英屬蓋曼群島商家庭傳媒股份有限公司
城邦分公司發行, 2022.01
　面；　公分. -- (Family健康飲食；44X)
ISBN 978-626-95425-7-4(平裝)

1.食譜

427.1　　　　　　　　　　　　110022012

ISBN：978-626-95425-7-4 (平裝)
ISBN：9786269542581（EPUB）

本書特別感謝愛心協助：
★健行科技大學 餐旅系
謝祖安、陳亦軒、何承峰、羅舜綾、顏鎮霆
★台北中誠祥瑞餐飲管理顧問股份有限公司
陳建辰